U0283482

家的风格

吴天篪（TC吴）　著

江苏凤凰科学技术出版社

提到"风格"一词，很多人脑海里立刻就会浮现诸如"欧式""美式""新古典"和"地中海"等模式化的风格语言。我国自家居装饰产业出现以来，由于信息交流的不对等和相关资料的匮乏，大部分专业人士对当代世界广泛流行的家居风格造成错误认知，而与此同时，家居软装艺术却在日新月异地飞速发展着。在珍惜传统家居文化的同时，我们也需要真实了解和融合世界不同家居文化之精华。寄望通过这本小书能够帮助大家开阔视野、启迪思路和激活创意，最终实现属于自己与众不同的个人风格。

每个人都具有与生俱来的个性气质，意味着每个人都具有天生的风格倾向和喜好。有的人偏好某种单一风格，另一些人则喜欢多种风格的混合，还有些人的风格喜好捉摸不定。当我们看到年轻人个性张扬的时候，就能意识到家居风格凸显个性的需求比以往任何年代都显得迫切。家的风格，指的就是家居空间中展现出来的主人个性，唯有能够展现并感受到主人个性的家居空间才是拥有灵魂的空间。

"时尚教母"可可·香奈儿有一句名言——"潮流易逝，风格永存"，这里的"风格"指的就是一个人的个性特质；她还说"想要无可取代，就必须与众不同"，这个"与众不同"

指的也是个性特质。以个性鲜明的人来说，风格等同个性特质，因此香奈儿的名言意指"潮来潮去，个性永存"。对于家居空间而言，所谓风格就是生活风格，生活风格就是个性风格，这一特性与时尚界的"风格"概念异曲同工。确定家居风格是进行家居软装的第一步，我们每个人都需要弄清楚自己属于什么风格，而不只是自己喜欢什么风格。

　　本书彻底颠覆了之前所有关于家居风格的旧观念，同时提出当代家居风格的新概念。前半部分介绍那些建立在当代生活理念、生活态度和生活方式之上的流行家居风格，它们或多或少与古典或传统装饰艺术具有某种关联，同时又与空间主人的个性气质、修养见识、精神诉求以及潮流趋势等因素息息相关；后半部分则介绍当今盛行于全世界的个人风格的真实面貌，指导人们如何发现自己的个性特征，并最终确定和实现自己的个人风格，试图帮助那些期望在居住空间里表达自我的个性群体，让自己的居住空间展现出独特的个性魅力。

吴天篪

2017 年 11 月

目 录

— contents —

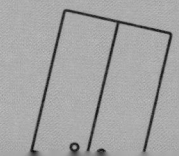

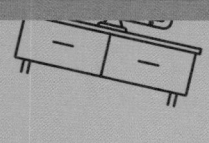
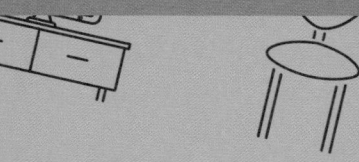

一、家居风格起源

装饰艺术的起源背景

　　所谓装饰艺术，就是指运用大量兼具装饰性和功能性材料装饰的一种工艺。相关材料包括木材、陶瓷、玻璃、金属和织物，涉及的领域包括家具、纺织、工艺饰品和室内设计等。装饰艺术一直是人类表达情感的重要手段，人类祖先在岩壁上描绘的岩画既是记录也是装饰，原始部落人在陶罐上描绘的纹饰、在身体上涂抹的色彩等都是装饰艺术的早期表现形式。

　　自古以来装饰艺术与美术创作紧密相连，比如伊斯兰传统艺术与装饰艺术就从未分割。中世纪以来的欧洲艺术家们也是装饰艺术的创造者，如古典建筑内精美绝伦的壁画、浮雕和雕塑均是出自画家和雕塑家之手，直至现代艺术的诞生才终结了这一延续数千年的古老关系。在 19 世纪之前，欧洲的装饰风格往往代表着某个时期占主导地位的君主或宗教的情趣和品位，比如法国国王路易十四将个人偏爱的巴洛克艺术从宗教空间引入到家居空间，并由此引起欧洲其他君王纷纷效仿，将皇家室内装饰的奢华程度推到登峰造极的地步。

原始岩画

13 世纪的城堡

17 世纪的农舍

今天我们耳熟能详的那些风格名称直至 20 世纪中叶才被人总结归纳，20 世纪之前的室内装饰艺术属于上流阶层的专属品，普通百姓的家居仅能满足基本功能需求。从古罗马至文艺复兴时期，只有权力与财富的拥有者才可能把自己的居住空间装饰得美轮美奂。室内装饰作为身份与地位的象征，它是由历史、自然、物产、习俗、家庭和生活等因素经过漫长的时间磨练逐渐形成的西方家居文化结晶。

　　直至 19 世纪欧洲帝国主义的诞生，出现了大批新兴中产阶级，过去专属于权贵阶层的家居装饰才开始逐渐在平民阶层中普及开来。时至今日，富有阶层仍然对金碧辉煌的室内装饰情有独钟，家居装饰从来就与所属阶层的经济能力与文化素养息息相关。人类历史上曾经盛极一时的古典装饰艺术就像是博物馆里那些古董一样成为人类文明的基石，是当代家居风格的原型和起源，也是当代家居风格的灵感源泉。

装饰艺术与家居风格

　　20世纪下半叶的世界家居界风起云涌，进入21世纪，装饰艺术与服饰潮流的关系日趋紧密，为全世界热爱时尚和追随潮流的人们提供了一个与时俱进的家居环境。装饰风格的演变总是"以新替旧"的模式交替发展着，这种以某种新趋势（或称新风格）来装饰私宅的做法具有与个性同等的社会重要性。时至今日，装饰风格不仅成为展现个性的重要途径，也是表达格调与品位的重要手段。

　　古典装饰艺术早已随时代的变迁离我们远去，除了极少数富豪仍然迷恋于过去用于皇家宫廷里的镶金镀银和金碧辉煌来彰显自己的财富之外，古典装饰艺术大多被妥善保存在博物馆内供人参观，不过仍然有不少古典装饰图案或线条被广泛借用于今天的家居产品设计当中。作为家居风格的根源，适度了解古典装饰艺术，可以更广泛地认识过去、更深刻地理解现在和更远见地预见未来，而非盲目复制和再现它们。

21世纪的人们不再满足于古典装饰艺术亘古不变的外表特征，他们期待更为丰富多彩和不拘一格的装饰手法去体现其独特的个性和品位，就像令人目不暇接的时尚潮流、层出不穷的艺术流派以及日新月异的家居生活一样，只有与时俱进的家居格调方能胜任此历史重托。任何与时代潮流背道而驰的装饰手法（比如过度装饰、过分繁琐和浪费材料等）必将面临被淘汰的命运，只有经过改良之后才能获得新生。

　　与传统装饰艺术不同，当代家居风格不仅仅是一种表现外在美的艺术形式，而是一种尊重居住者内心世界的生活方式，因此它更加注重通过风格来表达主人对于个人生活、精神世界、人文社会和自然环境等方面的诉求和情感。每一种风格类型分别对应着某一种人群的需求，只有深入了解形成每一种家居风格类型的生活理念和生活方式，才能够真正理解风格类型背后所蕴藏的思想动力与精神内涵，从而避免复制徒有其表的外表式样。

18 世纪的洛可可
艺术

19 世纪初的帝国
式风格

19 世纪末的新艺
术运动风格

二、家居风格趋势

 家居风格与时尚潮流

过去的时尚潮流是由上流阶层所主导，并且从上而下地传播开来，称作"上行下效"，比如 18 世纪由法王路易十五的情妇蓬巴杜夫人所主导的洛可可艺术就被广泛应用于发型、服饰、绘画、雕塑、瓷器、家具、灯具、建筑和室内装饰之上，它们共同形成一个完整的艺术表现形式。20 世纪初，以可可·香奈儿为代表的一代时尚标杆把时尚向普罗大众普及，时至今日，时尚与生活已经达到水乳交融的地步，其含义已远远超过品牌华丽的外表层面。

被誉为"设计师中的设计师"的纽约时装设计师伊莎贝尔·托莱多（Isabel Toledo）在其《风格的根源》（*Roots of Style*）一书中说，"时尚是短暂的，当你感觉灵感用尽的时候，它能为你的风格增添趣味，补充灵感。时尚是表面的，所以它很容易被应用……事实上，我们天生都具有一种内在的声音，作为我们个人风格的指路明灯。"可惜很多人只是随波逐流紧随时尚潮流，却不曾考虑时尚是否适合自己。

法国国王路易十五的
情妇蓬巴杜夫人主导
了 18 世纪的洛可可
艺术

"时尚"的含义有多种解读，总的来说是多方面的综合体，包括了当下人们所崇尚的观念、行为或式样等。结合网络信息归纳总结，时尚是一种"流行的或者被接受的风格"，包含了对社会、地球以及世界的看法和关注，是一种对待家庭、人生与生活的态度，更是对自己的重新认知与定位。

　　时尚潮流只是有限时间内的短暂趋势，家居风格才是永恒不变的生活主题。在这个文化大融合的时代里，家居风格需要包容不同的文化，应该拥有更宏大的包容心和更广阔的视野。它总是随着时代的发展、进步而演化着，今天的趋势也许就是明天的历史。只有顺应时代潮流的家居风格才有可能继续存在和发展下去，这是世间万物生存和发展的定律。

反映近几年色彩趋势
的室内设计

 家居风格的最新趋势

世界家居风格就像时尚潮流一样周而复始，比如 20 世纪 60 年代红极一时的"复古风格"今天在时尚家居界又卷土重来，诞生于 20 世纪 30~40 年代的好莱坞摄政风格改名为"魅力风格"之后再度风靡全球。进入 21 世纪之后，家居风格不仅紧跟时尚潮流，也顺应了绿色环保的大趋势，那些无用、多余、繁琐而又浪费的传统装饰方式被抛弃，简洁、开放、个性和环保的居住环境被追捧。

近十年来，国际家居每年都会发布当年或来年的流行趋势，除了色彩、图案、材质和式样之外，更重要的是生活理念和生活方式的变化，这直接影响和决定着家居风格的发展走向，其主要体现在以下几个方面：

①通过醒目的色彩赋予旧物件新的生命；

②开敞明亮的空间划分为不同功能区域；

③模糊室内生活空间与户外生活空间的概念；

④多功能空间随意而自在地享受生活；

⑤应用天然材料柔化现代感强烈的直线；

⑥运用混搭手法让生活空间变得更加有趣；

⑦注重废旧物品的再利用，减少物质浪费；

⑧崇尚传统工匠手工制作，尊重传统文化；

⑨提倡家庭亲情与健康理念的家居生活；

⑩注重减少能耗措施和自然资源的浪费。

当今世界家居风格的发展呈现出多元化的趋势，不再局限于追随那些风靡一时的流行风格，而是致力于在家居空间当中表达个性特质，因为只有融入了个人特色的空间才是最能经受住时间考验的家居风格。我们应该多多珍惜那些正在离我们远去的传统文化，还应该多去关爱大自然的无私馈赠。

经过 20 世纪家居生活翻天覆地的变化，21 世纪的家居风格已经划分为流行的"家居风格"和个性的"个人风格"

两大流派。国际流行家居风格是指在全世界广泛流行的家
居生活方式与空间形态,它们均非固定模式的"风格"套路。
个人风格则代表了新时代年轻人追求个性和表达自我的时

代特征，需要更多理解和认识。每一个拥有新家或者旧居的空间主人都需要重新认识和确定自己的家居风格。

（三）、家居风格历史

 怀旧型家居风格

风格定位：

怀念历史上从宫廷到民间的家居生活方式，对历史文化、古典和传统装饰艺术情有独钟，但是并非原版复制。

设计理念：

建立在将传统文化与现代文明融为一体的基础之上，表现出空间主人对于传统家居文化的怀念与尊重。

含括类型：

包括传统风格、托斯卡纳风格、西班牙殖民风格、维多利亚风格、英式田园风格、法式田园风格、瑞典田园风格和美式风格。

传统风格
(Traditional Style)

●家具造型优雅、做工精良，并配置金色或抛光黄铜的五金件。

●处于房间中心位置的家具、灯具和饰品往往沿着中轴线呈对称布置。

●灯具常用水晶吊灯、黄铜吊灯、象牙白色丝绸灯罩的桌台灯、落地台灯和壁灯等；饰品则包括瓷器、玻璃器皿、植物、镀金镜框、镀金画框、花瓶和银器等。

●视觉焦点通常是一幅油画、石版画、家具或者壁炉架。

●丝绸、缎子和天鹅绒等织品面料通常带有花卉图案、几何图案等，以某种淡雅的色调通过织物在空间流动，色调一般处于中等范围。

●除了华丽的落地窗帘、床品、靠枕和东方地毯之外，传统风格还喜欢漂亮、精致的桌布、餐垫和餐巾等。

●融入花卉图案、繁复雕刻、轻柔丝绸、蕾丝花边、皱褶饰边、闪亮镜面、优雅花瓶、相框和怀旧家具等，传统风格会演变成温柔的"浪漫风格"，若在浪漫风格里面加入一点条纹或者素色织物和深色木质家具等元素，可以淡化浪漫风格的女性化特征。

●传统风格源自于 16—19 世纪英国、法国和意大利的古典装饰艺术，因其外观平静和有序而被视为正式风格（Formal Style）。

●尽管充满怀旧情绪，但其舒适的空间氛围和柔和的装饰线条适合于几乎所有的年龄层，也适应于现代生活方式。

托斯卡纳风格
(Tuscan Style)

●色彩来自于大自然的赠予，蔚蓝的天空、黄褐色的大地、灰褐色的石灰石、金黄色的向日葵、桃红色的葡萄酒、青绿色的橄榄和深绿挺拔的柏树等，注意色彩搭配不要超过五种。

●图案包括葡萄、葡萄卷须、葡萄藤、葡萄叶以及地中海地区古老的莨苕叶，像符号一样大量出现在陶瓷、织品、铁艺和家具之上。

●反映托斯卡纳地区古老街景、葡萄园和葡萄酒等题材的油画和壁毯成为其一大特色。

●家具流淌着文艺复兴与巴洛克风格的血脉，有着与生俱来的浑厚、高贵气质，宽大的尺寸比较适合于高大的房间，黑色铸铁桌腿和吊灯通常弯曲如葡萄卷须般的蜗卷形。

●表面彩绘的陶罐常常作为花瓶使用，不多的花艺多用干燥花和人造绿植。

●饰品可谓琳琅满目，有铁艺烛台、陶罐、水壶、挂钟、铁花、镜框和相框等。

●通过粗犷的木作、灰泥墙面、皮革和锻铁铁艺等与光滑的丝绸、陶瓷和玻璃之间的对比，凸显出坚固耐用的乡村情调。

●托斯卡纳风格代表着意大利久负盛名的悠久文化，传承了文艺复兴和巴洛克艺术之精华，依靠得天独厚的自然环境，孕育出独具魅力的意大利乡村情调。

●在某种程度上，托斯卡纳风格既是意大利的代名词，也是地中海的代名词。

西班牙殖民风格
(Spanish Colonial Style)

● 来自于印第安传统图案（如几何形、锯齿形、螺旋形、月牙形、十字形和阶梯形等）主要应用于地毯和靠枕之上，窗帘多用素色。

● 各种彩绘日用陶器与美洲仙人掌和蕨类植物交相辉映。

● 实木与皮革、实木与铁艺制作的家具基本延续了巴洛克式家具的主要特征——简单、实用、牢固而笨重。

● 环形锻铁铁艺吊灯配置蜡烛形灯泡，台灯常用羊皮灯罩或者阿拉伯冲压四瓣花形穿孔金属灯罩，常用巴洛克式锻铁壁灯装饰走道和餐厅。

● 西班牙殖民风格源自于由西班牙殖民者移植到美洲大陆的西班牙风格。

● 西班牙殖民复兴风格盛行于 20 世纪上半叶，简称为西班牙复兴风格，是西班牙殖民文化与美洲印第安土著文化的结合体。西班牙殖民文化融合了西班牙巴洛克、西班牙殖民和摩尔复兴三大文化来源，其中西班牙巴洛克主要体现在巴洛克式家具和镜框，西班牙殖民式的代表为西班牙传教士式家具，而摩尔复兴式则表现于摩洛哥式灯笼形吊灯。

● 哈仙达风格（Hacienda Style）中的 Hacienda 一词在西班牙语中意为庄园，代表着身份与财富。它混合了墨西哥乡村风格与西班牙殖民风格的装饰式样，融合了舒适与奢华的生活理念，是一种跨越时空的装饰艺术。其崇尚自然纯朴的乡村优雅，从高耸的顶棚、凉爽的赤陶砖到锻铁铁艺和石头雕刻，是悠久的墨西哥乡村古董与当代艺术的结合体，标志性色彩包括海蓝色、蓝绿色、赤棕色、土橘色、橘红色、深绿色、深蓝色和深红色等。

维多利亚风格
(Victorian Style)

● 维多利亚风格代表着女性的柔美、华丽和浪漫，喜欢深重的色彩，包括深红色、墨绿色、深紫色、金色和深褐色等，与之平衡的中性色包括米色、奶油色和灰褐色，经常会呈对比色搭配（如红与绿、黄与紫等）或者类似色搭配（如蓝与绿、红与橙等）。

● 除了卷曲的漩涡花饰之外，常见花卉、蜂鸟、蜻蜓和蝴蝶图形应用于灯罩和壁纸之上。

● 空间离不开黄铜镶嵌彩色玻璃的蒂芬尼灯具。

● 喜欢运用厚重而华丽的织物来制作式样复杂的窗帘和帷幔，充满垂花饰、褶皱、刺绣、蕾丝、穗边、流苏和坠珠等装饰。

● 喜欢展示饰品，无论是桌面还是墙面，常见的饰品包括陶瓷器皿、玻璃器皿、银质器皿、镜框、相框和画框等，也是最适合应用花艺来装饰的家居风格。

● 盛行于 19 世纪末 20 世纪初的维多利亚风格因矫揉造作的外观特征被视为繁琐堆砌的代表，但今天的维多利亚风格则代表着一种怀旧的柔美情调，不再拘泥于传统维多利亚时期所奉行的"越多越好"的美学准则。

● 它是一种热衷于展示异域风情的家居风格，比如来自于东亚、中亚和非洲的手工艺品。

● 无论是过去还是现在，维多利亚风格具有大英帝国辉煌时期的象征意义。

风格

英式田园风格
(English Country Style)

设计
要点

●可以根据个人喜好来选择休闲或者正式的视觉效果，重点在于功能而非炫耀。

●追求精致的田园生活，需要精美的软装元素与之匹配。

●与不同时期的旧物品混合，岁月沉淀感顿生。

●色调来自其玫瑰花园（如粉红色和黄色等），与之相配的深色包括深红、深褐色和深绿色，通常由3～4种色彩组合搭配。

●粗花呢和皮革是其标准的面料，搭配花布和蕾丝。

●英国人钟爱的黄铜被广泛应用于灯具和五金件之上。

●标志性的玫瑰花图案常与格子图案搭配应用于布艺和壁纸之上。

●除了代表英式下午茶的茶具之外，皮质封面的书籍则表现出英国人爱读书的传统特性，精美的瓷器和田园风景装饰画，包括狩猎和马术题材的饰品等都是首选。

文化
特征

●源自英国乡村农舍的英式田园风格充满了温馨、浪漫和朴实的乡村情调。

●因贵族狩猎留宿农舍而让英式田园风格名扬天下，骨子里具有的高贵气质最终让英式乡村别墅与英式田园风格融为一体，这是英式田园风格最与众不同的地方。

●虽然英式田园风格与农舍风格（Cottage Style）有几分相似，不过前者更强调与大自然和睦相处，后者则注重表达自己的内心感受。

法式田园风格
(French Country Style)

● 喜欢淡雅的色彩，其中以柔和的紫蓝色配灰白色最为经典。

● 普通而自然的石材、木材、织品、锻铁、紫铜和黄铜，被法国人运用混搭手法糅合于一体，通过质感的粗细对比来制造出独一无二的层次感。

● 图案包括大公鸡、橄榄、向日葵、葡萄、薰衣草等，与之搭配的织物图案包括条纹、格子或素色。源自中国青花瓷图案的托阿尔（Toile）图案常见于靠枕、窗帘、床品、瓷器和壁纸之上。

● 洛可可、新古典式样的实木家具和铁艺吊灯通常经过白漆后摩擦做旧处理，它们包括铁木结合家具、轻巧的酒馆式桌椅和源自中国的屏风等。

● 窗帘轻薄而简单，常用蕾丝或棉纱窗帘与木质百叶窗搭配应用。

● 花艺材质常见向日葵、干燥麦秆、薰衣草束、小树枝等。

● 饰品以烛台、篮筐、瓷器、陶壶或铁艺为代表。

● 诞生于 19 世纪法国的印象派绘画艺术，朦胧的景色和闪烁的光斑是其艺术基础，绘画中的风景、建筑和花卉等散发出优雅的艺术气息。

● 法式田园风格也称法国地方风格，混合了法国庄园精致生活与法国乡村质朴生活的特征，优雅的气质令人着迷。

● 盛极一时的洛可可和新古典风格是法式田园的表面特征，但法国人简朴而悠闲的生活方式和生活艺术才是法式田园背后的精神基因。

风格

瑞典田园风格
(Swedish Country Style)

设计要点

●家具以模仿法国洛可可和新古典的式样最为引人注目，其表面通常漂白或者漆成浅色、白色和淡黄色等，并且带有明显的磨损痕迹。

●为了与其柔和的外观取得平衡，需要增添一点粗糙的质感（如皮革、坚质条纹棉布和亚麻布等）在家具或窗帘之上。

●小碎花、条纹和格子等图案常见于织物之上。

●为了度过漫长而又黑暗的冬季，瑞典人希望保持一个淡雅、通透和明亮的家居空间，因此墙面、地面和家具被漆成白色、奶油色、浅黄色、淡粉红色、浅绿色和淡蓝色等，点缀色（如金色和红色等）只出现在壁纸、织物、花卉和饰品之上。

●除了典型的浅色调之外，瑞典田园风格也偏向灰色调（如白垩蓝调和绿色），再添加一点乡村色调（如铁锈和麦片色）。

●为了让光线在天黑后也能照亮房间，瑞典田园风格喜欢悬挂一些镜框，通过水晶吊灯上的水晶将光线反射至四周。

文化特征

●瑞典田园风格也称北欧田园风格。

●尽管瑞典田园风格与法式田园风格有许多相似之处，但瑞典田园风格给人一种更加朴素和自然的感觉，这是受限于瑞典严酷的自然环境和有限的自然资源。

●瑞典田园风格是一种追求宁静、谦逊、简朴和优雅的家居风格，因此不要给房间塞满饰品，更要避免杂乱无章的堆砌。

美式风格
(Americana Style)

●相关元素包括苹果派、牛奶罐、棒球、自由女神像、谷仓、古董拖拉机、古董汽车、爵士、摇滚、诺曼·洛克威尔印刷品等。

●色彩来自于星条旗上的红色、白色和蓝色，图案同样来自于星条旗上的条纹和五角星。

●质感粗糙的棉麻织物应用于枕头和窗帘，拼缝被子可以当作挂毯、盖毯、桌布和沙发罩等，各种形状的编结布条地毯则被广泛应用于门厅、过道和客厅等空间。

●室内常见各种表达情感的词句，如"没有比家更好的地方""信心、爱心和希望"等。

●标志性的家具包括梯背椅、温莎椅、挡风椅、彩绘松木箱、开敞式搁板、碗柜和各种储藏柜等。

●黄铜灯具是美式风格的标志之一，台灯灯罩通常带有五角星或者格子图形。

●美式风格是殖民风格的延续与发展。今天的殖民风格表达了美国人对其先民的纪念与尊敬，希望通过布置先民曾经使用过的物品来再现和重温先民质朴的生活环境和生活方式，由此表达个人对于这个国家的认同与热爱。

●源自于 200 年前欧洲殖民者开垦北美的艰难岁月，今天的美式风格是爱国、乡村、田园和早期美国文化的综合体。

休闲型家居风格

风格定位:

追求轻松、随意和舒适的生活方式,装饰简单、朴实,视觉效果令人赏心悦目。

设计理念:

建立在营造一个让人如度假般放松的空间氛围基础之上,表现出空间主人对于休闲生活的重视与追求。

含括类型:

包括地中海风格、休闲风格、拉夫·劳伦风格、乡村风格、航海风格和热带风格。

地中海风格
(Mediterranean Style)

●色调与碧海蓝天相呼应，以橙色和黄色为代表，象征着夜晚的海风与白昼的艳阳。

●离不开华丽的布艺，其中以描绘地中海风情的挂毯最为引人注目。

●家具尺寸高大、造型稳重而且做工精良，常见铁木结合与华丽的车削腿。

●厨房是永远的家居中心，也是装饰重点，因此需要一张 8 ~ 12 人用餐的餐桌。

●黑色锻铁与青铜和其他深色金属混合应用于灯具、栏杆和五金件之上，其锻铁灯具融合了西班牙、法国和意大利灯具的特色，透出一股古朴、典雅的气质。

●墙面饰品包括铁花、挂毯、镜框、挂钟和油画等。

●磨砂处理过的青铜瓮、花丝灯具和锻铁壁炉罩等带有摩洛哥情调。

●地中海风格崇尚享受生活和热爱自然的生活方式，浪漫而又富饶。它并没有设定某一特定的地中海国家，但是其五彩斑斓的色彩和舒适的生活环境却是法国、意大利和西班牙南部的真实写照。

●地中海风格给人一种土生土长的感觉，仿佛已经存在了好几个世纪。这是一种注重自然、纹理、色彩和主题的家居风格。

休闲风格
(Casual Style)

风格

设计要点

- 家具大多低矮、宽大，常用柳条、铁和藤条等制作。软垫搁脚凳是其最爱，搭配一个木质或者藤编托盘之后成为咖啡桌。
- 窗户喜用百叶帘和遮阳帘，造型简单，有时候配上简单的帘头和用铁钉或树枝作锚钩。
- 织物上常见醒目的花卉图案。质感粗犷无光泽，如剑麻或长粗毛地毯等。采用棉、麻和羊毛等制作的布艺喜欢饰以褶边、褶皱、纽扣、丝带和绲边等。
- 任何生活用品均可成为休闲风格的饰品，比如书籍、盒子、木碗、鸟笼、花卉和植物等；私人收藏品展示在书架或桌面之上，油漆或擦色的画框内容以休闲主题为主。

文化特征

- 休闲风格适合于那些享受温馨、舒适而亲切居家环境的人们，其装饰特征表现为简单的细节、织品和饰品，以及柔软的布艺、柔和的曲线、哑光的表面和非对称的布置，与传统风格的特征正好相反。
- 很容易融入乡村、法式田园、农舍、新怀旧或者美式田园的装饰风格当中。喜欢做旧或者改造的物品，没有任何线索能够与奢华联系起来。

拉夫·劳伦风格
(Ralph Lauren Style)

●使用高级木材、天然面料所制作的每一件家具都是纯手工打造的完美杰作。

●家具式样是百年前的传承，就像其男士服装一样永不过时。

●探险和旅行是其精神内涵，一幅古色古香的地图、一个精致的地球仪、一幅印第安土著战士的画像、几张牛仔主题的黑白照片、一口式样老旧的皮箱和几件英国殖民式样的家具等都有助于营造出一种开拓者在新世界冒险的氛围，带有浓郁的西部乡村情调。

●航海是其另一个精神内涵，因此航海生活的元素（包括蓝色调的墙面、海滨景色和怀旧帆船的画面）都反映出这一主题。

●不可忽略的图形还包括马术和纯种马，以及与马有关的精美饰品，如镀金三冠王宝马书档和马头书档等。

●拉夫·劳伦是一个混合法国和英国传统精华之高手，让人不禁联想起老派绅士俱乐部或者南方种植园豪宅的优良品位和美好时光。

●拉夫·劳伦风格体现出美国上层社会中上流男士高贵的生活品质——漫漫的草坪、晶莹的古董、名贵的宝驹，无论是器皿还是家具，都迎合了人们对于现代上流社会完美生活的向往。

●拉夫·劳伦风格融合了幻想、浪漫、创新和古典的高尚品质，将传统与现代完美融为一体，所有细节均架构于一种不会因时间而淘汰的价值观之上，居住空间展现出一种经久不衰的历史感和历久弥新的家族性。

乡村风格
(Rustic Style)

●乡村风格沉醉于沧桑痕迹的质感，比如回收的木材、粗糙的帆布、磨损的牛皮、生锈的金属和老旧的玻璃等。

●越是自然的东西（如树枝、树皮、干叶、坚果和石头等）越真实也越适用于乡村风格家居当中，当然也包括美国西部特有的野生动物（如麋鹿、棕熊、灰狼、野牛和野马等）。

●色彩来自当地自然界的红色、橘色、褐土色、蓝绿色等，充满生命活力。

●乡村风格是一个通用的名称，具有类似粗犷特质的家居风格还包括农舍风格、托斯卡纳风格、西班牙殖民风格和工业风格等。

●根据地域环境、特色的不同，美式乡村风格主要划分为西部风格和西南风格两大类型。

●西部风格是一种与粗犷豪迈的西部牛仔联系在一起的家居风格，衍生出了两个名称——乡村风格和木屋风格。这是一种强调放松与舒适的当代家居风格，带有无拘无束的精神诉求和粗犷的男性化倾向。

●西南风格与西部风格非常相似，但是比西部风格更加温馨而亲切。其独具一格的西南艺术具有令人神往的艺术魅力，融合了印第安原住民文化、牛仔文化和墨西哥文化，比西部风格有着更加丰富的内涵和更细腻的情感。

风格

设计
要点

文化
特征

航海风格
(Nautical Style)

●航海风格的色彩与沙滩风格近似，地面采用抛光深色实木板（如柚木、胡桃木和桃花心木），大量应用嵌入式家具，就像船长室一样，家具包括来自东方的黑漆家具和屏风，纺织品常用丝绸，饰品包括黄铜材料制作的船灯、罗盘、六分仪、镶在深色木框内的旧地图、用绳子编织或编结的杯垫和餐垫等。

●与之有关的家居风格包括沙滩风格、海岸风格和海岛风格，其共同点都与海洋有关，比如沙滩、棕榈树、浮木、灯塔、帆船、渔网、船锚、冲浪板、海洋动物和植物等。

●沙滩风格的色彩以沙滩的米白色和海天的灰蓝色为主，地面采用擦灰色调的木板或者石块，铺上采用剑麻、椰壳或者棉布编织的地毯，家具采用藤条、柳条和玻璃制作，纺织品包括帆布、牛仔布、格子布、府绸和印花棉布等。

●海岸风格是一种充满阳光和追求舒适的装饰风格，任何在海岸上可能见到的东西都是海岸风格的标志性饰品。

●海岛风格是对几种代表性海岛风格的统称，来自于西印度群岛的设计灵感表现出加勒比海岛的殖民文化，饰品包括古老地图和植物装饰画；来自于夏威夷群岛的传统文化以热带花卉植物图案的纺织品和轻薄的材质为其特色；来自于汤米巴哈马（Tommy Bahama）的设计灵感则综合了包括棕榈树、鹦鹉和猴子等热带风格的特征。

风格

热带风格
(Tropical Style)

设计
要点

●装饰材料基本为当地盛产的自然材料，如柚木、竹子、柳条、藤条、黄麻和石材等，表面保持着自然的粗糙质感。

●藤编或藤木家具是热带风格的典型家具，带有实木雕刻或者植物编织的吊扇叶片则是热带风格的标志性符号。

●离不开热情奔放的热带色彩，比如浅橙色、浅绿色、蓝绿色、绿黄色、橘红色和钴蓝色等。

●喜欢郁郁葱葱的热带绿植，包括椰树、香蕉树、芭蕉树、凤梨、甘蔗、棕榈树、龟背竹、凤尾竹、散尾葵、红掌和蝴蝶兰等，通过壁纸、布艺面料、装饰画和灯罩等展现出来。

●常用织物包括印花棉布、亚麻、丝绸和帆布等，白色薄纱主要应用于窗帘和床幔之上。

●饰品方面，需要添加一些有趣的元素，比如磨损的船桨、水手结和冲浪板等，以及火烈鸟、鹦鹉、热带鱼或者爬行动物等。

文化
特征

●热带风格的灵感来自于度假天堂，如佛罗里达、夏威夷、法属波利尼西亚和加勒比等地。

●热带风格是一个热情拥抱大自然的家居风格，是一种与海洋和热带植物有关的家居生活，也是一种强调悠闲户外活动的生活方式。

 简约型家居风格

风格定位:

  崇尚干净、简单和整洁的现代家居生活理念,注重空间里表现出与时俱进的时代感。

设计理念:

  建立在追求超前生活方式的基础之上,表现出空间主人对于现代简约生活观念的推崇与享受。

含括类型:

  包括工匠风格、装饰艺术风格、现代风格、当代风格、极简风格和高技风格。

风格

工匠风格
(Craftsman Style)

设计要点

●家具特征体现在精良的做工、诚实的材料和朴实的造型之上，代表作为著名的莫里斯椅。

●黑色铸铁或黄铜的五金件遍布室内橱柜和家具之上。

●色彩相对保守而沉稳，代表色包括米白色、奶油色、棕色、焦黄色、红色和草绿色等。

●除了工艺美术运动创始人威廉·莫里斯创作的一系列源自于中世纪的图案出现于地毯、床品和靠枕之外，常用图案还包括树木、蜻蜓、松果、孔雀和鹿等。

●式样简单的窗帘通常为淡雅素色，没有多余的传统装饰。

●常见镶嵌彩色玻璃的方形或方锥形灯罩的蒂芬尼灯具。

●饰品十分有限，棕色、焦黄色或红色的墙面点缀几幅森林题材的挂毯或油画，桌面和地面偶尔布置几个造型简洁的釉面素色陶罐。

文化特征

●源自19世纪英国工艺美术运动的工匠风格与维多利亚风格几乎同期并行，推崇功能与形式合二为一的实用主义，反对过度装饰的奢靡之风，其在美国的类似名称为传教士风格。

●带有男性特征的工匠风格提倡诚实的工艺、自然的材料、简洁的设计与和谐的生活，极少出现浪漫的花艺装饰以及带花卉图案的布艺。

装饰艺术风格
(Art Deco Style)

●家具呈简洁的几何造型，表面光滑，立面对称，常用美洲斑纹木、巴西黄檀木和非洲乌木等昂贵木材饰面，并且饰以玛瑙、玉石、象牙、石英和水晶玻璃等。

●灯具也以几何造型为主，常用透明玻璃、彩色玻璃和镀铬金属等材料制作，尤以流线型、扇形或碗形的壁灯引人注目。

●色彩包括黑、白、黄色、紫色、深红色和蓝绿色等。

●标志性的图案包括阶梯形、锯齿形、人字纹、太阳放射形和 V 字形等，另外也喜欢棕榈树、火烈鸟、人体、树叶和羽毛等图形以及豹纹、斑马纹和鲨鱼皮纹等。

●面料基本以素色为主，夸张的几何图案常见于大块地毯，抛弃传统的花卉、格子和条纹等图案。

●具有反光表面的材料包括丝绸、天鹅绒、皮革、玻璃、镜面、镀铬、镀金和镀银等，凸显其非同寻常的出身背景。

●流行于 1925—1939 年的装饰艺术风格因其代表着新兴富豪的精神寄托，在沉寂半个多世纪之后又重新回归，特别适用于豪华酒店、宴会厅和舞台等商业空间。

●装饰艺术风格是现代材料与技术和传统艺术的折中表现形式，整体视觉效果强烈而华丽，但缺乏惊喜和浪漫的感受。

●因为一战后远洋邮轮的兴起，其偏爱属于新兴机械美学范畴的几何造型，为紧随其后的现代主义诞生奠定了基础。

风格

现代风格
(Modern Style)

设计
要点

● 倾向于理性的设计理念，色彩仅限于中性色调、单色调和天然色调，以泥土色调为典型代表。

● 标志性的家具包括勒·柯布西耶设计的可调式躺椅、马塞尔·布鲁尔设计的瓦西里椅、密斯·凡·德·罗设计的巴塞罗那椅和里特威尔德设计的 Z 形椅等。几乎所有的现代家具均暴露腿部，并且呈低矮的水平形态。

● 只有抽象艺术的绘画和雕塑作品被点缀于空间之内，其他饰品和花艺等均被排斥在外。

● 强调水平和垂直线条，曲线较少。

● 喜欢具有反射表面的材料（如钢材、镀铬金属和玻璃等），搭配未涂漆的木材、皮革和天然纤维等。

● 喜欢开敞、明亮的空间，窗户基本保持原状无装饰。如果空间内有裸露的混凝土、柱或者梁等，应该予以保留，绝不掩饰甚至隐藏。

文化
特征

● 现代风格起源于 20 世纪上半叶德国包豪斯设计学院所倡导的现代主义运动，至 20 世纪中叶演变成"复古风格"，在 20 世纪末又演化成"当代风格"。

● 现代风格很容易与"当代风格"混为一谈，二者的本质区别在于前者早已定型而后者则随着时间向前演化。

● 现代风格的核心原则是"形式追随功能"，排斥并割断所有与传统、文化、人性和地域的关联，拒绝并消除任何无实际功能目的的装饰或细节。

当代风格
(Contemporary Style)

●主色调包括中性色和黑白色，同时通过饰品来点缀醒目的色彩。

●家具式样仍然保持光滑、简洁的几何造型，桌、椅腿暴露，软垫家具面料多为黑白或中性色调的天然纤维。

●简洁的窗帘杆式窗帘通常与整体色调融为一体。

●常见的织物包括羊毛、棉麻、丝绸和黄麻等，有限的图案包括斑马纹、豹纹、条纹和抽象几何图案。

●灯具常用轨道照明、嵌入式照明、线槽灯或者间接照明，同时需要为现代艺术品配置聚光灯，注重灯具造型、色彩与金属质感。

●饰品选择遵循"少而精，大而少"的原则，每一件饰品最好是独一无二的艺术品。

●除了醒目的抽象装饰画，也喜欢双色印刷品或黑白摄影作品，多用木质、金属质感的简洁画框或镜框。

●选择整体和叶片较大的绿植或花卉，花盆呈简洁几何形体。

●当代风格是现代风格的延续，抛弃了现代风格非人性化的一面，融入了大量复古风格的元素。

●相对于冷静而简约的现代风格，当代风格更注重家居生活的安静、温馨和舒适。新潮的材料、技术和式样都是不错的选择，其强大的包容性可以与任何风格混合应用。

极简风格
(Minimalist Style)

●极简风格无需取悦别人的感受，能够去掉的东西毫不犹豫地去除，比如床头板可以不要，只需用床架把床垫架空即可；厨房吊柜去除柜门，尽量采用开敞的搁板。除了生活必需品之外，避免任何可有可无的家具，尽量让房间留下更多的开放空间。

●坚持运用黑、白、灰色和自然色以及金属质感，仅有艺术品可能带来色彩。

●少量的布艺面料为纯净的素色，包括靠枕和窗帘等。

●窗户常用百叶窗代替窗帘，偶尔搭配条纹图案的地毯。

●用艺术的眼光来审视房间内的所有东西（包括灯具），达不到艺术标准的物品统统被排斥。偶尔点缀富有意义的纪念品、书籍和家庭照片等，来满足心灵的安慰。

●源自于 20 世纪初现代抽象艺术、现代建筑艺术和日本传统禅宗文化的极简风格成为 20 世纪以来最重要的设计运动之一。

●遵循"少就是多"的美学原则，喜欢开敞的空间与简洁的外观，常常以对称的形式来布置一切。

●"极简主义者"坚信简洁的生活环境能够减少粉尘和过敏原，安抚心情，减轻焦虑和压力。

高技风格
(Hightech Style / Hi-tech Style)

●注重家具结构和细节，包括螺丝、铆钉和轮子等。家具通常由金属、玻璃和塑料制造，木材所占的比例很小，织物和软垫的应用也十分简单。典型的家具包括玻璃桌面的桌子、金属腿和椅背的椅子、带轮咖啡桌与玻璃书架等。其金属表面还会经过氟碳喷涂、静电粉末喷涂、镉漆和本色等工艺处理。

●主色调只有暗灰色、白色和银色，加上少量的黑色，有时也会应用鲜明的纯色来强化视觉冲击力。

●视觉上刻意模仿科幻电影当中未来飞船或太空舱的感觉，通过隐藏式灯光来表现流畅的动感线条。

●现代抽象艺术品或黑白摄影作品是高技风格的主要饰品。

●高技风格也称"重技风格"，诞生于 20 世纪 70 年代晚期的建筑与室内设计领域。为了炫耀当代工业技术的成就而大量应用不锈钢、铝塑板和合金材料，将建筑外观暴露的钢结构杆件和设备管道同样表现在室内空间，强调工业技术特征。

●遵循功能至上的设计原则，反对传统的审美观和装饰手段，甚至排斥其他家居风格，是一种推崇理性主义和未来主义者们的虚拟家园。

●它与工业风格和极简风格具有某种相似度，但却有着本质上的区别。早期主要应用于大型公共建筑，后来受到崇尚机械美学人群的追捧，成为一种追求简洁、个性、充满未来感的家居风格。

 都市型家居风格

风格定位：

　　注重舒缓都市人群紧张的生活压力和紧张情绪，紧跟时尚潮流的变化，崇尚表达个人品位和自我价值。

设计理念：

　　建立在为都市人群打造一个舒适而时尚的生活空间基础之上，表现出空间主人对于当代都市生活的热爱与诠释。

含括类型：

　　包括过渡风格、都市风格、苏荷风格和巴黎公寓风格。

风格

过渡风格
(Transitional Style)

设计要点

●色彩搭配倾向于当代风格，但是谨慎很多，以中性色为主色调，偶尔出现一点明亮的色彩也会控制在少数的装饰品之上。

●图案仅限少数几何图案，避免任何传统图案。

●家具休闲、舒适而不华丽，以直线为主、轻微的曲线为辅。家具表面以深色木纹为主，常用镜面、玻璃和金属材料作为细节。

●灯具造型简洁、线条干净，常用水晶、镀铬金属基座与布艺灯罩搭配。

●常将绒面革、灯芯绒、雪尼尔和皮革等与自然的材料（如剑麻、麻布和藤条等）搭配。

●简洁而优雅的窗帘式样常与垂帘、竹帘和中性色罗马帘等搭配。

●有限的饰品包括太阳放射形镜框、具东方情调的盆栽和镜像屏风等。

文化特征

●过渡风格与传统风格非常相似，事实上它是传统风格与当代风格的混合体，外观既不传统也不当代，走在低调和微妙的中间路线上。

●满足了那些希望兼顾传统与当代生活方式人群的愿望，线条相对于传统风格要干净、柔和、简洁很多。通过质感对比、色调变化和形状简化将传统与当代融为一体，是优雅与永恒、阳刚与阴柔的结晶。

风格	**都市风格** (Urban Style) 

设计要点

● 家具通常轻便而低矮，简洁的造型多半采用金属、玻璃和皮革等材料制作，强调功能实用。常因空间限制而选择多功能家具和透明家具（如玻璃以及壁挂式搁板等）。

● 轻薄的窗帘常常与木质百叶帘或垂直帘搭配，同时通过混搭粗细对比的材料丰富层次感。

● 因空间不时需要分分合合，喜欢采用灵活的屏风和开敞式书架或者安装顶棚轨道窗帘的方式来实现。

● 避免饰品堆砌而增加空间的压迫感。

● 常以中性色和大地色为背景色，色彩主要通过收藏的新老饰品来点缀。

文化特征

● 都市风格是为满足现代都市人群的生活而量身定制的一种家居风格，目的是减轻和消除都市人群紧张的工作与生活压力，因此拒绝一切多余的传统装饰线条。

● 都市风格也称都市现代风格，与一群受过良好教育、追求时尚生活并被称为"雅皮士"的都市人群有关，由此产生了风靡一时的雅皮风格。所谓的雅皮风格是一种强调成熟个性和高尚品位的家居风格，需要通过高品质的产品、沉稳的中性色和高级的材质来体现。

● 都市风格如同个性的一面镜子，它既适用于小型公寓空间，也适应于家庭式办公空间。

苏荷风格
(SOHO Style)

●通过家具、艺术品、壁纸和照明方式等元素的新旧融合，突出
与时尚的不一致。

●需要尽量多的自然光线，人工照明仅限于筒灯、射灯、隐形灯
带或者落地台灯。

●室内装饰尽量保持简单而朴实，需要别具一格的艺术品、家具
等来凸显出与 SOHO 族职业性质有关的个性和品位。

● SOHO 在 20 世纪 60 年代指纽约曼哈顿下城一个区域的简称，
该区域的许多老厂房和旧仓库在 20 世纪 70 年代被改造成工作室、画廊、
商店和餐馆等，使其成为喜欢大空间艺术家们的集聚地。

●今天的 SOHO 是人们对自由职业者的一种称谓，是小型办公室
与家庭办公室的缩写。

● SOHO 意味着小型办公与生活相结合的新兴生活方式，是一种
在充满生活气息与艺术氛围的空间里工作的生活方式。

●苏荷风格是历史建筑与当代室内的完美结合，可能与任何家居风
格发生联系，但其内在的精神诉求是怀旧。

巴黎公寓风格
(Paris Apartment Style)

风格

●色彩组合包括丰富的宝石色与黑色、白色和金色等点缀色搭配。

●空间里既有做旧的古典家具又有简洁的现代家具，黑色或奶油色的桌、椅点缀以金色，四处闪烁着豪华的丝绸、锦缎和天鹅绒。

●窗帘式样根据个人选择可繁可简，或者使用百叶窗。

●一座洛可可或新古典式样的大理石壁炉架往往是其视觉焦点。

●若想突出主题，可以点缀象征巴黎标志的火车站钟和黑色铁艺家具等。

●巴黎公寓风格延续了巴洛克、洛可可和新古典主义高贵的血脉，融合了装饰艺术、地中海、旧世界和巴黎歌舞厅文化之精华，散发出巴黎人与生俱来的艺术家气质，其典范当属可可·香奈儿位于巴黎康朋街31号的私人公寓。

●囊括了巴黎人从19世纪末至20世纪初所经历的风风雨雨，凝聚成巴黎人独一无二的审美——既有优雅的古典审美，又有最新的时尚潮流。

●不必担心元素彼此是否匹配，因为不匹配正是其特色。

时尚型家居风格

风格定位：

反映出当代时尚领域最前沿的信息，与时尚潮流息息相关，是反映潮流趋势的一面镜子。

设计理念：

建立在紧随潮流趋势的基础之上，表现出空间主人对时尚文化的追捧与融入。

含括类型：

包括魅力风格、复古风格、波西米亚风格和波普艺术风格。

魅力风格
(Glamorous Style / Glam Style)

●好莱坞魅力风格(Hollywood Glam Style)就像一场感官盛宴，充满了各种闪亮的材料与夸张的图案。其标志性的特征包括宝石色调、镜面和镜像家具、镀金小雕像、镀金烛台、镀金花瓶、镀金台灯、抛光金属、钉扣软垫家具、带图案壁纸等。以奶油色、灰色、白色和黑色为代表的中性色调也是其标志之一。

●旧世界魅力风格（ Old-World Glam Style ）是一个充满媚俗戏剧效果的装饰艺术，通过华丽的吊灯、落地窗帘和黑木显现出与众不同的高贵气质。醒目的亮丽色彩配合金碧辉煌的灯具、饰品等而使其在四大魅力风格当中显得最为富丽堂皇。

●复古魅力风格（ Vintage Glam Style ）比其他三种魅力风格更加热情奔放，常常以出其不意的视觉效果而令人难忘，带有一丝波西米亚的情调。其装饰艺术的特征包括羊皮地毯、天鹅绒扶手椅和金属镶嵌挡风椅等，以及带金色或者银色的物品（如带金属饰边的玻璃咖啡桌等），也可以点缀一点复古风格的物品为它增光添彩。

●前沿魅力风格（ Cutting-Edge Glam Style ）强调干净、简洁的现代主义设计理念。注重质感和饰品，色彩、尺寸和光泽是其魅力所在，喜欢光滑、抛光的材料以及带钉扣的淡黄色或者象牙色的躺椅。那些充满异域情调的物品（如摩洛哥蒲团或镀金镜框等）能让它显得更加时尚。

●源自于 20 世纪 30~60 年代美国好莱坞明星与名流圈内的好莱坞摄政风格是魅力风格的前身，因其与时尚潮流息息相关，符合大众文化的审美情趣，深受时尚人士和新生代的追捧。

●魅力风格擅长于从以往的装饰艺术中获取灵感，通过水晶、镜面和丝绸等闪闪发光的材质来凸显其高人一等的气质。经过半个多世纪的演化变迁，至今已经发展出四大典范——好莱坞魅力风格、旧世界魅力风格、复古魅力风格和前沿魅力风格。

复古风格
(Retro Style)

●中性色调主要体现在墙面和家具上，活泼的复古色彩主要出现于饰品和小件家具上，鳄梨绿、芥末黄、棕色、红色、黑色和白色等是其标志性色彩。

●图案以格子、圆点、几何形和佩斯利涡旋纹为代表。

●丰富的质感来自于长绒的地毯、光滑的塑料、闪亮的金属、精致的木纹和釉面瓷砖等。

●家具普遍采用模压塑料、胶合板、镀铬金属与人造革制作。由伊姆斯夫妇设计的家具代表了整个 20 世纪中叶的家具式样。

●最有特点的复古灯具常常是具有如飞船或者火箭造型的未来感。

●窗帘色彩鲜艳而花哨，杆式窗帘只用扣眼和吊带两种式样，不过应用于厨房、餐厅和浴室的半截帘也是其一大特色。

●当年流行的家用电器（如冰箱、电扇、烤面包机和电话等）都是复古风格的最佳饰品。

●复古风格也称为世纪中现代风格（Mid-Century Modern Style），是一种盛行于 20 世纪 50~70 年代的家居风格，深受现代风格和北欧风格的影响。

●复古风格延续了现代风格干净、简洁的空间感，绝无凌乱、繁琐的装饰和饰品。

●在那个诞生波普艺术的年代，包括安迪·沃霍尔和罗伊·利希滕斯坦创作的波普作品成为复古风格的标志符号。

| 风格 | **波西米亚风格**
(Bohemian Style) |

| 设计
要点 | ●偏爱大胆、热情的色彩（比如温暖的赤褐色、饱和的紫色、火红的橙色、电蓝色和金色等），被应用于挂毯和艺术品当中。
●图案就像万花筒中令人眼花缭乱的图像，散布于软装物品之上。常见图案包括佩斯利纹、吉普赛花、新艺术图案和几何图案等。
●布艺多选用天然面料（如粗麻布、剑麻搭配丝绸和雪尼尔等），并且钟爱传统的手工编织品。
●室内充满着来自世界各地的收集品，并且喜欢与趣味相投的摩洛哥风情混为一体。
●经常重新粉刷和彩绘不同式样的旧家具，特别喜欢表面彩绘的摩洛哥六角桌和印度蒲团。 |

| 文化
特征 | ●"波西米亚"一词来自于捷克地区的波西米亚王国，而波西米亚风格则起源于印度北部能歌善舞的吉卜赛人，后被借用于代表一种艺术家气质、一种时尚潮流和一种反传统的生活模式，常用于形容放荡不羁和穷困落魄的艺术家。
● 20 世纪 60~70 年代与嬉皮士浪迹天涯的生活方式和精神追求不谋而合，是崇尚非常规生活人群的最爱。
●波西米亚风格拥抱无忧无虑和随心所欲的居住环境，是一种强调个人生活情趣的家居风格。它更像是异域风情与怀旧风格的混合体。 |

风格	**波普艺术风格** (Pop Art Style)

设计要点

●以强烈、明亮而冲突的配色为主要特征，配色方案常见一对对比色与一个中性色调的平衡关系，明亮的色块多见于家具、墙面与一些印刷品之上。

●常常借用 20 世纪中叶的复古风格家具，比如未来派椅子、极简派沙发和蛋形椅等。几何造型的家具常用塑料制造，同时与其他造型简洁的家具搭配。

●灯具采用当代几何造型或者夸张造型，若灯具杆件或灯罩的色彩与装饰画上的色彩协调，则效果更佳。

●常用的波普艺术内容包括建筑物、漫画人物和工业产品等，通常选择大尺寸的装饰画或者壁画占据整面墙体，不过过多炫目的色彩和图形容易造成视觉疲劳。

文化特征

●诞生于20 世纪中叶的波普艺术也称流行艺术或者新写实主义，出于对当时现代主义的反感而形成的具有强烈视觉冲击力的写实图形，崇尚大众化和通俗化的审美情趣，达到新奇、古怪、大胆和醒目的视觉效果，成为商业社会的文化符号。波普艺术被借用到家居风格当中，主要体现在三维空间中，使其成为空间的视觉焦点。

●其本身并非独立的家居风格，而是与其他多种家居风格混搭，同时也具有波普艺术所包含的讽刺、戏谑、调侃和嘲讽的含义以及玩世不恭的心理特点。

个性型家居风格

风格定位：

表达出个人对人生、生活、社会和世界的认知和看法，勇于展现个人情感，是个人精神世界的一面镜子。

设计理念：

建立在别具一格的个性基础之上，表现出空间主人对于个性特质的注重与追求。

含括类型：

包括折中风格、极多风格、工业风格和另类风格。

风格

折中风格
(Eclectic Style)

设计
要点

●取材于不同时期和不同风格的元素，找到各元素之间的某个或者多个共同点，包括相近的色彩、图案和形状。

●无论是意外的收获还是祖传的宝贝都可以共处一室。

●为了实现一个成功的折中风格，需要一些别具一格的艺术品和家具，还需要一些出乎意料的材料和物品来共同参与完成。

文化
特征

●折中风格又称个人风格，大量应用各个时期不同式样的物品，但折中主义致力于创作而非怀旧。

●需要一颗极富创意的头脑和包容一切的胸怀，可以容许冲突但不能"不协调"，不能容忍平庸而低俗的品位，是一种尽情享受视觉和精神快感的家居风格。

●常常选择几种装饰风格中的"最爱"，然后将这些元素重新组合成一个更有趣的结果，获有"跳蚤市场风格"的别名。

风格

极多风格
(Maximalist Style)

设计要点

●为了加深层次感，其丰富的主色调强烈而深沉，其中金色是标志性色彩。

●图案以扎染、豹纹或斑马纹为特色。

●灯具造型必须别具一格，可以稍微复杂一点，闪亮的镜片会让深色的空间明亮起来。

●异域风格的色彩和图案与之搭配，不仅毫无违和感而且相得益彰。

●赋予废弃物品以新生命是极多风格的常用手法。

文化特征

●极多风格奉行"多就是多"的美学信条，但并非堆砌得杂乱无章，再多的物品都被安置得井然有序，追求丰富的层次感。

●"极多主义者"会不厌其烦地认真对待日常生活，哪怕是普通午餐也会像宴会那样一丝不苟。如果爱上一样东西就会无止境地收集它们，无论是香水瓶还是书籍。

●另一个与极多风格的收集特征相同的流行风格叫"收藏家风格"，它强调空间氛围与其收藏品之间要有所关联。

工业风格
(Industrial Style)

●工业风格的可塑性和包容性很强，可以通过改变布艺来柔化其坚硬的外观，也可以与大部分家居风格混合搭配，又可以通过添加一点光滑的质感（如抛光大理石或金属）来获得更宁静的氛围，还可以融入一点异域元素来丰富机械感。

●充满工业美学的魅力来自于以中性色、棕色、黑色和明亮色组合的色彩搭配，混合做旧的皮椅和生锈的橱柜，以及当代艺术品、工业灯具和机器零件等。

●常用材料包括镀锌金属、不锈钢、玻璃、皮革、水泥、红砖和回收木材等。

●需要强烈视觉冲击力的装饰画或者黑白摄影作品来给其略显沉闷和冷静的空间注入活力。

●工业风格诞生于经过改造后的旧厂房、旧车间，特别受到追求无拘无束生活方式的人们欢迎。

●因粗犷质感的展现而充满了男性荷尔蒙的野性气质。

●是一种鼓励废物利用和提倡简单生活的家居风格，其品位和眼光大胆前卫，避免多余的家具和配饰。

●比较高大的家居空间还有另外两个类似于工业风格的名称——阁楼风格（Loft Style）和仓库风格（Warehouse Style）。

另类风格
(Funky Style)

●所有家具必须与众不同，即使是普通家具也要重新油漆成明亮的色彩，并在表面饰以令人意想不到的物品（如橡胶气球等）。同样的特征也表现于橱柜、岛柜和吧台上。

●适当点缀的艺术品包括当代绘画、立体派壁画、玻璃或金属雕塑和几何形玻璃花瓶等。

●"Funk"一词源自 20 世纪 60 年代中期美国黑人的音乐流派，结合了灵魂音乐、爵士乐和 R&B 的风格与情调，后来演变成为"Funky Style"的音乐和舞蹈。其用于设计领域则代表着非同寻常的方式——另类，也象征着时尚与精彩。

●另类风格运用混搭手法创造出一种独树一帜的家居风格，强调个人情趣，要求所有元素都具有非凡的特质，不一定是新品，但必须另类，因此不符合"成年人"的口味。

●古怪风格（Whimsical Style）也是一种充满幻想和想象力的家居风格，特别适用于儿童房间，是一种启发孩子想象力的好方式。

●迷途风格（Maverick Style）是另一个与另类风格有着相同特质的家居风格，都喜欢标新立异，走反传统路线。两者都需要一点幽默感来使房间显得更有趣和更友好。

●与另类风格异曲同工的前卫风格（Avant-Garde Style）诞生于 20 世纪初，充满了五颜六色的色彩和不羁的色彩对比，家具也必须与众不同。它们都提倡全新的思维模式和生活方式，灵活运用新奇的表现形式使混乱与趣味和睦相处。

绿色型家居风格

风格定位：

关注大自然和人类的未来，推崇旧物利用和减少浪费的环保理念。

设计理念：

建立在顺应环保大趋势的基础之上，表现出空间主人对于地球与大自然的关心与爱护。

含括类型：

包括北欧风格、怀旧风格、新怀旧风格、农舍风格和花园风格。

北欧风格
(Scandinavian Style / Nordic Style)

●善用架空家具与洁白、明亮的元素扩大空间感，也擅长通过减少色彩和饰品来避免紊乱，还善用中性色装饰室内空间。

●需要通过装饰画、靠枕和花瓶等来点缀醒目的色彩，通常保持在 2 种色彩之内。

●常见的图案包括花卉、动物图形、条纹和菱形等，主要体现在靠枕、装饰画、窗帘和床品当中。

●简单的窗帘杆式窗帘常用白色薄纱或薄绸等。

●材料基本都是自然材料，如木材、藤柳、羊毛和棉麻等。

● 20 世纪初传至北欧的现代主义思想，结合当地自然气候条件，形成了独具一格的北欧风格。

●北欧设计从一开始就摆脱了现代主义的路线，以注重自然与人文的主导思想为全世界绿色家居树立了典范。

●这是一种追求简单、舒适、灵活与环保的家居风格，混搭手法是其成功的不二法门。

●利用速生木材来满足功能需求，是解决小户型家居空间的典范。

怀旧风格
(Vintage Style)

●需要一点打破常规和意想不到的惊喜，比如一个古董吊扇、一个老旧地球仪、一面老式镜子、一只瓷狗等，那些老式的蕾丝、刺绣、靠枕、盖毯等都是珍品。

●怀旧风格并非意味着满屋皆是旧物品，新旧物品的混合会产生更为有趣的时间跨度。

●主色调温馨而柔和，比如奶白色、薄荷色、粉红色、淡蓝色、淡紫色和奶黄色等。

●典型图案包括花园里常见的动植物（如鸟类、蝴蝶和花草等）。

●怀旧风格的另一个通俗名称是"古着"，创作灵感来自于 19 世纪的英国乡村农舍，与同样怀恋旧岁月的维多利亚风格有着千丝万缕的关系，散发出温馨和优雅的气质。

●尽管没有运用环保材料制造产品，但怀旧风格是一种崇尚旧物利用环保理念的代表。它拥有开放的心态包容各个时期的旧物品，最终实现一个充满温馨、舒适、亲切而清新的当代家居空间。

●设计理念建立在混搭手法之上，不拘泥于传统的束缚，也绝非复制过去，着眼于放开手脚把最爱的物品按照自己独有的方式展现出来。

风格	# 新怀旧风格 (Shabby Chic Style)
设计 要点	●白色是新怀旧风格的标志性主色调，与之相配的柔和色彩包括淡粉红色、浅黄色、浅绿色、天蓝色、米黄色和棕褐色等。 ●几乎所有旧家具均被漆成白色后再作磨损做旧处理，同时改变原来的家具用途（如椅子作床头柜或者箱子当咖啡桌等）。 ●粉红色玫瑰花是新怀旧风格的标志性图案，其他的花卉、格子和条纹图案也较为适合。 ●饰品均来自于旧货市场，不必担心它们是否完美、协调，也不必将起皱的面料熨烫平整。
文化 特征	●新怀旧风格诞生于 20 世纪 80~90 年代，是一种融合了沧桑、怀旧、浪漫和优雅的新兴家居风格。 ●通过对旧物进行处理之后展现出一种新面貌，享受光滑与粗糙、闪亮与磨损、柔软与坚硬等材质对比带来的美感，体现出一种用最少支出获得最佳居住环境的家居理念，是一门在传统与现代之间保持平衡的装饰艺术。 ●创作灵感来自于过去传统的乡村、农舍、田园、庄园和民间家居生活。透过柔和的粉红色调和蕾丝、薄纱、做旧布料，是一种充满乐趣和偏女性化的家居风格。

农舍风格
(Cottage Style)

● 主色调为白色和浅色，平衡色彩则通过花卉、绿植和自然材料（如木材、藤编、柳编等）来表现。

● 轻质的蕾丝窗帘搭配百叶帘就足够保护隐私，可以有简单的帘头但不必过于华丽又花哨。

● 除了要有盖毯之外，印有花卉、条纹、格子的棉布被广泛应用于布艺装饰当中，骨子里透露出传统田园温馨和浪漫的气质。

● 保存或者收集的传家宝、老物件、旧照片、旧灯具等都是打造农舍风格的好道具。

● 农舍风格也是美式田园（American Country Style）的另一个俗称，或者叫"Farmhouse Style"，或者合二为一称为"Farmhouse Cottage Style"。

● 农舍风格意味着舒适与随意，反映出主人的折中品位，强调个性与包容。

● 其旧物利用的装饰理念很容易与新怀旧风格混淆，不过农舍风格更加注重当代生活的情调与主人个性的张扬，而非只是营造出某种视觉效果。

花园风格
(Garden Style)

●色彩来自于大自然（植物的绿色、土壤的棕色、太阳的黄色和天空的蓝色等）。

●花卉图案是不二选择，出现在靠枕、坐垫、灯罩和床品之上，与素色的窗帘、墙面和格子、条纹等图案取得平衡。

●各地淘来的旧家具（包括实木、藤编和柳编家具）需要修理后重新油漆再进行打磨做旧处理，颜色以乳白色、奶油色、浅绿色和浅蓝色为主。

●是一种崇尚旧物利用的家居风格，任何废旧的物品都可以运用混搭的手法来装扮成迷人的室内花园。

●是一种希望与花园融为一体的家居风格，充满各种动植物图形，让人感受到大自然的拥抱。

●有一种与花园风格异曲同工的家居风格叫作自然风格（Natural Style），创作灵感来源于大自然的色彩、肌理和图案等。大自然的元素包括枯树枝、旧木板、干松果、鹅卵石、海贝壳、昆虫标本、鸟类羽毛和土陶罐等，传递出与大自然友好相处的生活理念。

异域型家居风格

风格定位：

尊重各地充满异域文化情调的地方民族传统家居特色，表达个人对于世界各民族传统和民间艺术的尊敬和喜爱。

设计理念：

建立在对某地域文化的真实了解与热爱的基础之上，表现出空间主人对于各地民间文化的好奇与喜爱。

含括类型：

包括摩洛哥风格、非洲游猎风格、墨西哥风格、异域风格、中式风格、日式风格、印度风格和东南亚风格。

风格

摩洛哥风格
(Moroccan Style)

设计
要点

●典型色彩包括红色、橘色、粉红色、淡黄色、灰褐色、深褐色、蓝色、绿色、金色和银色等，并且常选其中两个作为主色调搭配另三个为次色调。

●典型图案包括几何图案、八角星、四叶饰、阿拉伯书法和蔓藤花纹等。

●色彩和图案主要体现在华丽、轻薄的织品之上，广泛应用于丝绸或者天鹅绒的靠枕、波斯地毯之上。

●家具包括软垫搁脚凳、蒲团和六边形边几等，其中六边形边几是标志性家具之一。

●久负盛名的灯笼形吊灯制作精良，装饰华丽，产生一种如梦幻般的神秘气氛。

●极具地方特色的银器、点燃的蜡烛与各式各样的彩绘陶器交相辉映，共同营造一个阿拉伯的神秘夜晚。

文化
特征

●摩洛哥风格起源于北非摩尔人的阿拉伯家居文化，带有浓郁的阿拉伯传统文化色彩和充满异域风情的神秘气质。

●地处亚、非、欧三大陆的交界处，成为多元文化的典范，既有强烈的地中海特色，又有来自于非洲、波斯和伊斯兰文化的影响，能够与周边其他装饰风格取得协调。

●是一种代表着豪华、戏剧性的独特风格，令人兴奋也鼓舞人心，仿佛能够闻到空气中弥漫的淡淡香料味。

非洲游猎风格
(African Safari Style)

●手工制作的实木家具通常呈温暖的大地色调或者深色，特别是那种印有非洲动物皮毛斑纹的软垫家具更是视觉焦点，还可以点缀藤编或者竹编家具。

●黑色是基本色调，典型的中性色调包括灰色、棕色、黄褐色、赭色、浅棕色、黑褐色等，与之相衬的色彩包括土黄色、焦橙色、红褐色、金色和赤土色等，同时需要一点与之对比的色彩（如绿色、深蓝色、蓝色和紫色）。

●采用天然色染织的棉布、亚麻布及天然皮革。

●图案包括野生动物、斑马纹、豹纹与植物等，大量出现在软装物品之上，给空间带来一股原始、野性的力量感。

●代表非洲文化的手工艺品有很多，包括手工木雕、编织篮筐、陶罐、面具、图腾、盾牌、非洲鼓等，其中以木雕最具代表性，同时常在桌面和墙面出现天然牛角或者羊角。

● Safari 一词源自欧洲人在非洲游猎时的服装式样，通过电影和摄影作品等媒介的宣传，让很多人对广阔无垠的非洲大陆充满了梦想，也让更多人对诞生于那块神秘土地上的文化产生了兴趣。

●非洲游猎风格并非要把家布置成一个非洲文化博物馆，而是适度把控，点到即止。

风格

墨西哥风格
(Mexican Style)

设计
要点

● 标志性的色彩包括红色、黄色、橙色、蓝色和绿色等，广泛应用于室内空间，与大地的泥土色调和木材的自然色保持平衡。

● 标志性的图案包括辣椒、宽边大草帽、仙人掌和公鸡。

● 以手工羊毛织品和皮革制品著称，特别是印第安传统手工编织的羊毛毯被广泛运用。

● 来自西班牙文化的巴洛克曲线对墨西哥风格的实木、皮木、铁木和藤木家具式样影响深远，有些实木家具的表面也被刷成明亮的色彩与整体色调融为一体。

● 来自西班牙文化的锻铁灯具是其一大特色，锻铁烛台也必不可少。

● 五彩缤纷的罐子和陶器是墨西哥传统的手工艺品，典型绿植包括仙人掌和多肉植物等。

文化
特征

● 墨西哥文化是西班牙殖民文化与当地土著文化的混合物，既有西班牙文化的特色，也有印第安土著文化的元素。

● 民间艺术是墨西哥风格的一大特点，已成为其不可分割的组成部分。

● 崇尚手工制作的生活理念是墨西哥风格的魅力来源。

● 建筑内外夺目的色彩令其充满活力，成为色彩爱好者的理想家居风格。

异域风格
(Exotic Style)

●喜欢模仿大自然的色彩来表达情感，比如印度的橘黄色墙面和绿玉色的织品等，代表非洲大地的色彩、动物图案等，代表东南亚不同宗教色彩的塑像等，代表巴厘岛风情的白色磨损铁架床和洁白的蚊帐等，或者由南美土著部落与欧洲殖民文化结合的手工织品、陶罐等。

●异域风格被誉为"没有国界的风格"，总是带来一份无法抗拒的神秘感而充满吸引力。

●是一种与现代文明截然不同的异国风情，因其生生不息的生命力而让时空穿越变得畅通无阻。

●异域风格绝非任何特定式样，差异性恰恰是其独一无二的魅力所在。

●与异域风格类似的全球风格（Global Style）就像是在自家开启了一扇展示异国情调的窗口，通常是个人旅行、探险的美好回忆。

异域风格没有特定
式样，是一种没有
国界的风格

中式风格
(Chinese Style)

●材料以木材为主，最有特色的中式家具当属屏风和博古架，既有观赏性又具实用性。

●装饰图案上崇尚自然情趣（如花、鸟、鱼、虫、龙、凤、龟、狮等图案），精雕细琢。

●灯具可以考虑将现代灯具与传统灯笼形台灯或吊灯混合应用。

●色彩以"黑＋红"搭配最具代表性，也有"蓝＋白"和"红＋绿"色的搭配等。

●布艺常用传统织品（如丝绸、蓝印花布、蜡染花布、扎染花布和刺绣等）来制作窗帘、床品和靠枕等，特色图案的花布还可以装框制作成墙饰作品。

●饰品不必太多、太杂，过去的生活用品（如木制桶、水盆、箱、篮筐等）均是不错的装饰用品。

●墙面可以悬挂 1 ～ 2 幅书法或字画，但必须营造一种意境。

●中式风格是以明、清古典建筑为基础的室内装饰艺术风格，主要体现在明清传统家具、民族特色装饰品及以黑、红为主的装饰色彩上。

●融合庄重与优雅的双重气质，布局对称均衡，讲究对比，充分体现出中国传统美学精神。

●植根于博大精深的中华文明，历经千年岁月的洗礼，追求天人合一，崇尚人与自然和睦相处的精神境界。

日式风格
(Japanese Style)

●通过灵活的拉门隔断来分隔空间，室内与室外交融通透，人与自然和谐共生。

●常见家具除了矮几之外，还有无腿椅、书柜、抽屉柜或储藏柜。

●基本采用自然材料，如木、竹、纸、树皮、青草和石材等。

●清、雅、素、静是日式风格空间的主要特征，因此在这个以直线构成的空间里避免繁杂的图案，有限的织物面料均以素色为主。

●对外的门或窗偶见简洁的垂帘和布帘用于遮阳。

●中性色调占主导地位，如有其他色彩也要尽量柔和。

●陶瓷以素净的白与青色为主，还有朴实无华的木制器物，可稍加点缀于矮桌或矮柜之上。

●墙壁上经常悬挂装饰画或卷轴字画。

●插花艺术盛行，常见禅意花艺作品点缀其中。

●居家茶室中一定会摆放一套精致的茶具。

●日式风格的精髓源自于中国的唐宋文化，与日本本土文化经过数个世纪的交融与演化，最终演变成以含蓄内敛为核心的日本禅（Zen）文化。

●禅宗与佛教的关系源远流长，源于人类祖先用于修行的方式，是一种追求内心安宁与平静的生活方式。

●日本人的传统生活与禅文化息息相关，今天的日式风格可以说就是一种禅意家居风格，深受当代推崇禅生活人们的追捧。

●另一个与禅意有关的日式元素叫作空寂，类似于中国的留白，就是让处于空间中的人们保留最大的想象空间，摒除一切干扰和杂念。

印度风格
(Indian Style)

●传统家具包括饰以华丽软垫的矮沙发和椅子，常常作为房间精彩的视觉焦点。空间常见代表南印度的木制秋千、悬吊或绳索家具以及表面雕刻、金色饰面或手绘边框的实木家具。

●大胆应用强烈的红色、栗色、黄色和橙色等暖色调，与之平衡的冷色调包括蓝色、绿色、金色以及棕色等。

●五彩斑斓的色彩广泛应用于布艺之上，其中以绚丽多彩的"纱丽"丝织品印花棉布最为引人注目。

●眼花缭乱的图案和丰富的质感也是其一大特色，包括神圣的大象图形。

●受伊斯兰文化的影响，常选用阿拉伯灯笼形吊灯。

●花瓶和鲜花是其重要的组成部分。

●黄铜大象雕塑、托盘、香炉、铃铛以及木雕母牛和羚羊等是常见饰品。

●宗教是印度家居文化当中不可或缺的精神内涵，充满异域情调和文化混合的空间氛围令人着迷。

●印度风格是一种追求温暖与平静的家居风格，在保持传统特色的同时注重满足当代生活方式。

●印度南、北地区因族群、文化、地理和气候的差异所呈现出的家居风格迥异，不同宗教信仰的家居式样也会有所不同。

风格

东南亚风格
(Southeast Asian Style)

设计要点

●标志性的色彩包括粉红色、深棕色、黄色和橙色等，这种代表温暖和勇气的色彩给予空间深度，与之相对应的色彩包括墨绿色、蓝紫色和金色等。

●墙面明亮的芥末黄或橙色等让整个空间充满活力。

●窗帘和靠枕采用轻柔的纱幔、繁复的刺绣、绚丽的绸缎和柔滑的泰丝等制作。

●装饰材料大多是当地天然材料，如木材、竹子、藤蔓和秸秆等。

●离不开郁郁葱葱的鲜花和植物(如芭蕉叶、凤尾竹和滴水观音等)。

●表面充满雕刻的木制家具因气候原因多用可拆卸靠垫，造型则融合了东西方家具之精华。

●灯具大量运用麻、藤、竹和木等自然材料制作，造型简洁而朴实。

文化特征

●东南亚各国的历史背景和文化特色有着显著的差异，因此所谓的"东南亚风格"只是一个统称，不过它们都属于热带雨林气候。

●东南亚总共有 11 个国家，但以泰国家居风格和印度尼西亚家居风格最具特色。

●泰国家居风格是一个注重与大自然融为一体的家居风格，空间常会出现与佛教相关的元素。家具式样受中国文化的影响颇深，比如炕桌、炕几、条案和梳头匣等。

●印度尼西亚家居风格是一个糅合了东方与西方、传统与现代的家居风格，空间常常体现出伊斯兰文化特色，比如尖角拱门等。

四、混合家居风格

两种家居风格的混合

　　据研究统计，多数人对风格的喜好呈现出多元化和混合型的特征，而非单一性的倾向，意思是指多数人偏好多种家居风格的混合。很多配偶的风格喜好南辕北辙，一方喜欢传统型的，另一方却偏爱新怀旧，或者一方想把家传古董应用于当代都市风格当中，另一方则想在田园风格的空间里展现现代抽象艺术品。家居风格既不非此即彼，也没有对错之分，特别是对于一家人来说，最好的家居软装就是既要满足双方，又要融为一体。只要拥有足够的耐心、爱心，协调不同的家居风格并没有那么困难。混合的关键不是匹配而是协调，通过协调双方喜爱的色彩、图案、材质和式样，使其融为一体。

　　在混合两种家居风格时，通常选择以某一种风格为主，另一种风格为辅。选择 2 ~ 3 种色彩搭配，同时通过两种风格的靠枕、花瓶、饰品、地毯和窗帘等元素将其合二为一，

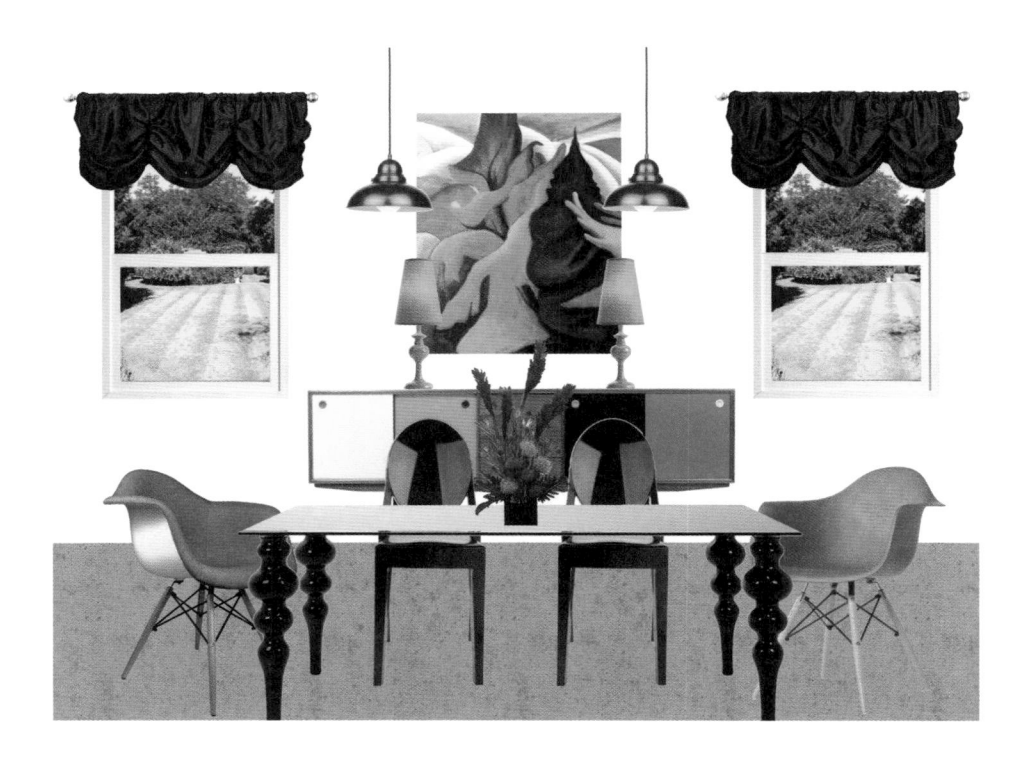

注意它们之间最好在色彩、图案、材质和形状方面有所关联。家居风格的混合比例可以根据实际情况选择 80 ： 20、60 ： 40 或 50 ： 50 三种，分别代表两种风格呈现的大致比例。找到某种平衡关系是保持和谐的一门艺术，需要建立在彼此尊重与妥协的基础之上。

两种风格融为一体需要遵循"你中有我，我中有你"的基本原则，风格代表性的色彩和图案在彼此身上要有所体现，并将此共同点重复出现在空间里。虽然混搭具有一定的规则可循，但不必拘泥于任何法则或方法，发挥设计者自身的想象力和创造力才是决定最终效果的关键因素。

　　①挑选应用某个共同的色彩。看似错综复杂的软装要素只需要选择某个相同的色彩就能够轻易将其串联起来。

　　②找到两种风格的相似之处。包括相似的色彩、图案、材质和形状四大要素，可以多项选择、共同应用将其串联起来。

　　③根据相似的主题进行布置。不同风格的软装要素可能风马牛不相及，但只要它们具有某种相似的主题就能将其串联起来，比如围绕某个题目、意境或场景等。

　　④寻找彼此匹配的形状。不同风格的家具、灯具等要素可能具有某些共同的特征，比如都有曲线或直线特征等。

两种家居风格的混
合——英式田园风格
与魅力风格

 多种家居风格的混合

　　一个与众不同的家居空间是非凡与充满乐趣的重要标志，就像穿衣打扮一样的道理。混合是创造个人风格的最佳手段，也是展现个人风采的一门艺术。今天流行的家居风格很少绝对"纯粹"，它们或多或少都融合了不同时期、不同式样的元素，相互影响也相互融合。

　　混合不同风格的专业名词叫作"折中风格"，意思是将不同时期、风格和式样的异质元素进行细心混搭，但绝非随机和混乱堆砌，因此需要仔细观察和寻找各元素之间的细微关联——共同点，从而融为一个整体。为了让空间看起来更加活泼有趣，需要为色彩、图案、材质和形状制造一些对比关系，比如暖色调与冷色调、曲线形与直线形、几何形与有机形、粗糙与光滑、柔软与坚硬等。

　　如果家庭成员间的喜好各不相同，可以按照不同的风格来装饰不同房间，比如航海风格的浴室、工业风格的客

多种家居风格的
混合——工业风
格、北欧风格与
当代风格

厅和怀旧风格的卧室等，但是需要有将其联系起来的纽带，比如表现各种风格的走道、在房门上装饰暗示内部风格的饰品等。也可以在同一房间内混合多种风格，从不同风格之中找到共同点，让不同物品之间相互补充而不是彼此冲突。这是混合多种家居风格常见的两种方式。

当代风格是一个包容性很强的家居风格，几乎可以与任何风格进行搭配。无论混合的家居风格有多少种，都可以通过重复共同点和制造对比关系来进行串联。选择某种不寻常元素作为视觉焦点是处理混搭的方法之一。如果你有一些个人收藏品或是某件喜爱的家具，它们可能与选择的风格格格不入，但不必掩盖它们，干脆就让其成为空间的视觉中心，反而能取得意想不到的视觉效果。如果有两件式样不同的家具需要混搭，那么相同的木质或统一的表面色调也能够让彼此相容。

　　选择某一主题有助于把空间内各个元素融为一体（比如海洋主题、木屋主题等），只需要几个靠枕或者几只花瓶即可达到效果。如果家具属于旧式样，那么重新刷上时尚的色调、换上时尚的面料都能够让它们重获新生。时尚色调和面料的选择，只需要翻阅最新的时尚杂志和浏览网站即可知晓。

多种家居风格的混
合——工业风格、
北欧风格、复古风
格与当代风格

③ 家居风格的更新变化

　　设计自己的居住空间可以有很多理由，也可以没有任何理由。有时候仅仅是希望通过改变空间氛围来改善情绪或增进和谐关系，有时候是因为家庭变化希望重新开始，有时候是因为家人的成长而希望居住环境也随着变化，或者只是自娱自乐希望去除那些陈旧过时的家具等。

　　任何一种家居风格都不是一成不变的模板公式，它们经过时间的洗礼之后本身也可能过时，但这并非意味着完全被淘汰，而是因为色彩、图案、材质和形状等没有与时俱进，因而缺乏新鲜感与吸引力，就像我们日常的服饰选择一样，几十年如一日地穿着会显得特别陈旧。

　　家居风格需要根据时代的变迁而有所变化，重新焕发青春与活力。风格的更新可能是大改动也可能是微调整，哪怕只是一点小小的变化就能改变房间的面貌和氛围，比如添加一块新地毯、更换一只花瓶、重新布置一下家具、

通过改变软装让左边的平淡无奇变成右边的耳目一新

重选一款窗帘、更新几幅装饰画等；原有的房门色彩也许有些老气横秋，可以油漆成新潮的黄绿色，当然别忘了与之协调的靠枕和地毯等也需要跟进；原有单调的开敞书架可以油漆成流行的橘红色，同时记得让书架上的书籍和饰品也出现橘红色。

一个人随着年龄和阅历的增长，对世间万物的看法和喜好也会随之产生变化，比方说过去着迷的东西现在不再喜欢，过去的兴趣爱好现在也可能不再持续等。我们不希

原来的家居风格
有些中规中矩，
显得单调乏味

望自己的家居风格几十年一成不变，于是需要更新家居风格。家居风格就是生活风格，其本身就是一个持续不断的生活过程，因此也会随着生活方式的改变而改变。

　　孩子长大后原来的儿童房可能过于幼稚，需要根据小孩最新的兴趣爱好来重新布置。最新购买的家具也可以与原来的家具进行混搭，只要新、旧家具在色彩、图案、材质和形状这四大要素当中有关联就行。

只需更换一些软
装元素就能让家
居风格焕然一新

　　在这个追求个性、尊重个性的时代，人们不仅希望自己的衣着与众不同，也希望自己的家居风格与众不同，因为"撞衫"会被认为是没有个性和低品位的表现。混合不同的家居风格是区分与他人风格雷同的最佳途径，通过混合书中第三章列举的多种经典家居风格，并融入自己的独特个性，这样与别人"撞衫"的可能性就会降至最低。

（五）、个人风格意义

个人风格的概念

个人风格是自我个性的外在表现，其意义在于尊重个性和表达自我，最大限度地满足个人喜好，从而获得内心的快乐。对于个人来说，个性是弥足珍贵的品格之一。它是人们在思想、行为、情感、意志、态度和品质等方面有别于他人的特质。除了与生俱来的内部因素以外，个性更多地是由被动和主动的外部因素塑造而成。

"江山易改，本性难移"，虽然一个人的个性与生俱来，但并非一成不变，我们会在成长的过程中受到来自于家庭、学校、社会和环境等因素的影响，因而具备多面性的特征，可能呈现出多种个性的综合体。为什么家居空间里要强调个性的重要性？因为生活在一个真实反映个性的环境里会更显自信和自在。

人们常常会将个性与性格或人格两词混淆起来，但个性更加强调独立的思维与行为模式，不轻易受到他人的影响和左右，更不会因讨好或迎合他人而刻意为之。社会上普遍存在着对个性的误解，人们习惯于将个性与徒有其表的标新立异和哗众取宠混为一谈，或者将个性与矫揉造作和装模作样相提并论，而事实上它们风马牛不相及。

　　真正有个性的人不会为个性而个性，而是自然而然的真情流露。其外表看上去可能貌不出众或者布衣芒屩，但是对于自己的生活空间却绝不马虎将就，因为在他们的心里衣着是给别人看的，而生活空间是专属自己的世界。我们仅从外表并不能准确判断出一个人的真实个性，但是可以作为参考依据。

　　19 世纪美国著名作家亨利·詹姆斯说过，"一个人的房子，一个人的家具，一个人的衣服，他所读的书，他所交的朋友……这一切都是他自身的表现。"对于个性强烈并且独特的人来说，个性就代表着个人风格。当我们欣赏

个性是将你我区
分开来的重要因
素，衣着打扮是
识别个性的参考
依据

那些著名艺术家的作品或者电影的时候，并非因故事情节
而心潮澎湃，而是因主人公超凡脱俗的个性而深深打动。
如果我们有幸能参观那些杰出人士的居住空间，会发现他
们的家居环境一样令人印象深刻，这就是个人风格的概念
和意义。

② 个人风格的定义

　　个人风格是由个性、生活和物品等构成的综合体，主要包括外向型与内向型两种，外向型代表着开放、轻松和娱乐，内向型则代表着安静、独处和封闭等。对于个人来说，风格即人的本性、性格、行为模式、生活方式和习惯等特征在某特定环境中的体现，同时也指独特于他人的行事作风和观念。

　　过去的"风格"主要是指某一时期流行的艺术式样或形式，而今天的"风格"更多的是个性的代名词。根据《韦氏词典》中关于"风格"一词的解释，释为"一种特殊的形式或者式样，一种说话或写作的方式，一种个人行为方式或者模式，一种公认和流行的方式或素质，一种轻松优雅的做派。"

　　中国古代文人对于"风格"的注解，多指风度、品格、气度、气魄、丰采、风韵等，比如"鉴虚为僧，颇有风格（指气度／气魄），而出入内道场……""如君好风格（指风度／品格），自可继前贤。" "名卿绪前辈，风格（指丰采／风韵）如玉山。" "君喜为诗，有前人风格（指格调特色）。" "渠有十九女，都翩翩有风格（指风韵）。"

关于风格还有不少名人名言，"所谓风格是一个人的灵魂——罗曼·罗兰""没有个人的独特风格，便没有作品所应有的光彩与力量——老舍""风格是心灵的外在标志，是比一个人的脸更为可靠的性格标志——叔本华""怎样形成风格？把你认为正确的属于你自己的东西坚持下去——艾青"，作为著名的文学家，他们都强调了风格的重要性。

很多人认为风格不过是一些过去时，但却忘了我们现在经历的每一分每一秒都正在成为过去。过去了的并不代表就不再出现，现在的也不意味永不消失。熟悉潮流的人们都明白"风水轮流转"，当今流行的时尚大多是建立在那些过去时之上。所谓风格其实是一个有机体，有机体就

个人风格是个性
的外在表现，环
境氛围是反映个
性的折射镜

意味着它不是一成不变的固化公式，而是因为与时俱进才拥有旺盛的生命力。

当今设计领域都信奉"无风格不设计"的座右铭，但是此"风格"并非指传统意义上的风格，而是指个人风格，换句话说就是个性的代名词。个人风格既是设计者的个性和标签，也是空间主人的个性与标志。家居空间是最能表达个性的媒介之一，当代人越来越重视将自己的个性融入到居住空间里去，也越来越懂得如何在自己的空间里表达个性和展现自我。

个人风格的特性

个人风格只对那些追求个性和强调自我的人群才有意义，也只对那些不满足于模仿传统的人群才有价值。家居软装是一个与家庭生活同命运、共患难的有机体，空间内会留下每个成员的生活烙印，这些烙印便是他们的个性特征，我们称之为"个人风格"。当我们拜访某个人的家，真正打动我们的不是其华丽的外表装饰，而是由这个空间所散发出来的个性特质——欢声笑语、温暖关爱，这正是人类关于"理想家"的梦想。

这是一个追求个人风格的时代，事实上，文字有风格，艺术有风格，衣着打扮有风格，甚至言行举止都有风格，没有风格就意味着没有个人特色。我们通过服饰和软装来展现自己最喜爱的色彩、图案、材质和式样等，目的是为了表达自我，告诉他人我是谁、我的喜好和兴趣等。个人风格是一种探寻人生意义的生活风格，也是一种享受美好生活的生活方式。人与人之间除了面孔有别之外，个性特质也千差万别，这就是人们俗称的"个性标签"。每个人都需要找到专属于自己的个人风格，因为风格是有别于他人的最大价值所在。

影响和决定个人风格的因素包括家庭环境、时代背景、教育程度、职业特点以及个性气质等。当我们展示个人收集的茶杯或贝壳之时，是在表达个人的兴趣爱好、价值观、品位、主观意识和理想等；当我们展示相片和书籍之时，是在讲述个人的学识、情感、经历和关系等；当我们展示野生动植物的图片或者模型之时，则是在表达个人对于地球、环境、自然、人类和未来的关注和关心。正是这些围绕在身边的物件帮助我们确定了自己的身份和价值。

让家居空间里出现一些岁月的痕迹，比如剥落的漆面、磨损的家具、怀旧或复古的电器、用旧的瓷器等，不仅表现出时间留下的烙印，而且表达出它们与主人之间的关系，同时显示出空间主人独特的个性、品位、观念、主次感、

幽默感和怀旧情结等，这些都是个人风格的特征表现。没有与主人灵魂息息相关的标签和印记，所有的物品不过是一堆互不相干的东西。我们需要与自己的居住空间紧密相连，通过所有与真实生活相关的物品来创造一个拥抱个性的精神家园。

个人风格体现出一个人对于所处时代的多层面认知，通过居住空间真实而自然地表达出来。这些认知和反映主要包括以下六点：

①它是现代生活的觉悟——如何生活在我们所处的时代；

②它是时尚家居的认知——时尚与家居有什么关联；

③它是个人情感的寄托——如何在居住空间里表达情感；

④它是生活方式的结果——如何度过 8 小时工作以外的时间；

⑤它是个性、气质的镜子——每个人都有与众不同的一面；

⑥它是人生态度的总结——关于人生观和价值观的感悟。

六、个人风格因素

个人风格与个性

现实生活当中，很多人并没有意识到个性的重要性，佩戴亦步亦趋，美容千人一面，喜好不约而同，思维也是大同小异，可见他们对趋势顶礼膜拜而对个性视而不见；有些人的个性模糊，容易喜新厌旧、见异思迁，随时可能改变自己的喜好，因此缺乏个性也缺乏主见；还有一些人并不清楚自己是什么个性，因而盲目跟风成为他人的一面镜子。

法国新生代时装设计师伊莎贝尔·玛兰（Isabel Marant）曾说，"比时尚更重要的，就是要拥有风格。"意思是穿衣不仅仅是为了展示美，而是要展示一个与众不同的自己，这个自己既是个性的表露也是个人风格的展现。封闭型的社会难以理解和接受个性，开放型的社会则注重和强调个性。通过别具一格的风格来展现自己的个性，已经成为国际家居发展的大趋势。对家居空间来说，个性往往是通过

个性是决定个人
风格的第一要素

个人情有独钟的物件来表达，无论它们来自何方，是否独一无二，唯有展现出独特个性的空间才独具魅力。

个人风格完全可以依据自己的独特个性来表达，也可以由多种风格混合而成。物质决定精神，精神影响物质。有的人认为金碧辉煌代表着优质生活，也有人觉得简单朴实象征美好，还有人认定时尚优雅意味高尚。对家居风格而言，不存在任何标准和限定，所有的标准都是因人而异的。

　　个性与从事的职业息息相关，当人们讨论"理工男"与"文科女"的时候，恰恰说明了职业对于个性的影响不容忽视，职业因素决定了个人风格的倾向和特征。无论选择何种风格都应该将自己的个性融入空间，形成自己的个人特色。个性可以通过多种途径去表现，比如古董、古着、手工、民间艺术品以及人文氛围、意境展现、自然趣味，甚至家庭气氛和亲情等，不一而足。

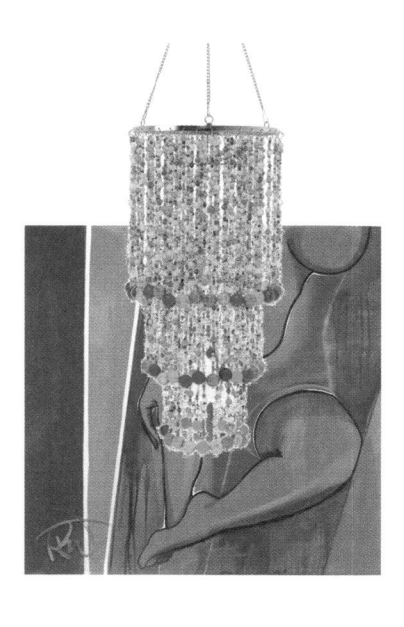

个人风格完全可以根
据自己的个性来表达

个人风格与生活

　　家居软装的本质是家居生活，因此生活是家居软装永恒的核心和主题。个人风格也不例外，没有一种家居风格适用于所有家庭，也没有一个家庭适合于所有家居风格。每一种软装风格均有其对应的家庭结构，或单身蜗居、或新婚之家、或三代同堂之室，选择时需要认真考虑家庭结构的具体特征和需求是否适合此风格营造的环境和氛围，而不仅止于外观式样的层面。

　　生活是各项日常活动的总和，也是对人生的一种诠释。它包括了个人生活、家庭生活和社会生活等方方面面。理解家庭生活不仅需要感悟，更需要积极参与其中，个人生活与家庭生活依靠亲情纽带紧密维系在一起。个人风格虽然强调个性特质，但它必然与家庭生活息息相关、唇齿相依，既是整体又是个体，这样的家庭生活才能够和睦、温馨。

　　亲情是每个家庭都十分注重培养和表达的部分，是家庭关系和睦的关键因素，这也是家居软装的主要目的和意

生活是各项日常活动
的总和，也是对人生
的一种诠释

义。每个人或多或少都有自己的爱好，现代人注重为儿童房营造某种氛围，就是在给孩子的人生道路指引方向，因此确定个人风格也需要考虑对孩子成长的影响。

个人风格通过某种生活方式来彰显其独特的行为模式，因此也被称为"生活风格"。每一种生活风格的形成取决于主人习以为常的生活方式，它由日常生活、交际生活、休闲生活和学习生活等所构成。生活理念和生活态度是影响和决定生活方式的关键因素，也是影响生活品质高低的决定因素。不同阶层和修养的人们对于生活品质的理解和标准截然不同，有人钟情山珍海味，也有人偏爱粗茶淡饭，所以优质的生活方式不能一概而论，也不能以"高尚""优雅"来论高低。

每个人都有属于个人生活特点的生活风格，那是我们赖以生存并愉快享受的生活模式。个人风格并非不食人间烟火，更不是离群索居，它是社会的一分子，离不开生活

这个主轴。个人风格需要在缤纷繁杂的世界里找到并保持
自我，既不随波逐流也不放任自流，不为取悦他人，只做
真实的自己。

③ 个人风格与见识

　　个人风格并非从天而降的礼物，与生俱来的个性是其内在动力，见识则是构成个人风格的营养源泉之一。我们对生活和世界的认知主要通过耳闻目睹获取信息，经过自我理解和分析后最终成为个人风格的丰富养料。见识的重点在于"识"，面对如万花筒般的丰富世界，需要打开自己的眼界，启迪思维，开化心灵，洗涤灵魂，而不是如摄影机般地过滤记录。

　　见识的重点在于它对思想的影响和触动，如果常常熟视无睹或是无动于衷，那见识再多也无济于事。见识越丰富的人其个性往往也越有深度，所以见多识广之人通常也不是平庸之人。只有广泛了解和认知世界各地的传统与当代家居文化，才会更懂得包容、接纳和融合不同民族和地域文化之精华，将自己的家居生活变得更为五彩缤纷、生动有趣，并且充满文化气息。

走进不同的宗教建筑，我们能够感受到不同民族文化的根基；走入不同的艺术博物馆，能够体会到不同艺术流派的精彩；品尝不同民族的传统美食，能够体验到不同饮食文化的差异；深入不同地域的家居空间，能够感受到不同家居文化的美妙；欣赏不同地方的传统工匠手艺，能够认识到传统手工的价值。无论是传统还是当代、本地还是异域，世界正是因为这些差异而变得精彩万分。

　　大自然是人类永恒的导师，通过四季变幻和万物生长呈现给我们缤纷世界，无论是变幻莫测的山川河流还是色彩斑斓的各类生物，都是我们取之不尽、用之不竭的灵感源泉，应该在我们的家居空间里有所表现。作为地球生命起源的海洋，是很多热爱海洋的人们在其居所里面表达的永恒主题。通过种植一些盆栽绿植，既是一种表达自我的方式，也是体现个人与大自然对话的桥梁。

见识是构成个人
风格的基本素材

除了书本上的文化知识之外，见识对于每一个人来说
都是不可替代的精神食粮。有人说人类一直都是在模仿大
自然，很多优秀设计师也通过自觉或不自觉的模仿，最终
形成具有深厚文化底蕴的个人风格。人类往往通过影像进

很多设计师通过对大自然自觉或不自觉的模仿，最终形成具有深厚文化底蕴的个人风格

行筛选、沉淀、消化和吸收之后转化成自己的养料，我们把它称之为"潜移默化"。个人风格因见识而呈现出开放、客观、丰满和深厚的特征，人们因此能够感受到空间主人丰富的见识，令人印象深刻，回味无穷。

个人风格与美术

　　静物画是古今中外常见的绘画题材，从中国明朝的陈洪绶、清朝的石涛和朱耷，到 16—17 世纪意大利的卡拉瓦乔、17 世纪荷兰的弗洛里斯·凡·斯库滕、18 世纪法国的夏尔丹、19 世纪荷兰的凡·高和 20 世纪意大利的乔治·莫兰迪等都是静物画领域的杰出代表。古代的静物画和现代的静物摄影都是专门描绘静态物体的艺术类别，运用相同的创作概念与技巧，通过呈现在桌面或地面上的一系列静物，经过精心布置、安排来达到某种预设的意境，在家居软装里面称之为"桌景"。经常观摩静物画能够提高我们对于静物美的理解与领悟。

　　懂得一些美术知识可以帮助我们更好地表达出具有美感的个人风格。通过精心布置的桌景，我们可以获得层次感、节奏感、整体感和平衡感。层次感来自于静物变化多端的肌理质感，节奏感来自于静物错落有致的高低摆放，整体感来自于静物和谐统一的大小比例，而平衡感则来自于静物非对称美的视觉效果。除此之外，一个充满个人风格的桌景还需与整体空间的构图关系保持一致，在整体空间中与其他桌景和美术墙有所关联，避免自顾自怜地唱独角戏。

美术基础中包含了很多与软装相关的内容，比如构图中包含的色彩、肌理、光影和形状的协调与对比的组合构成。虽然家居软装与美术看似没有直接关系，但是具有艺术审美的家居空间能够呈现出更加令人印象深刻的视觉效果。我们不必成为美术家才能成为设计师，但是懂得美术的基本要素能够帮助我们更好地理解一个构图当中如何平衡色彩、肌理、光影和形状之间的关系，掌握对比来获得微妙的视觉平衡，这就是静物美感的主要来源。

美学素养需要通过一生孜孜不倦地探索和练习方能有所收获，可以经常利用相机或手机来拍摄一些精心布置的室内"桌景"或室外景观来加强自己的静物构图技巧。桌景是表现个人风格的重要手段之一，通过静物摄影练习来

美术是表现个人风格
的重要手段

懂得美术的基本要素能够帮助我们更好地理解构图

提高桌景布置水平是行之有效的方法。美术墙也是表现个人风格的另一个重要手段，通过参观画廊、美术馆或者艺术博物馆来提高美术墙的布置水平也是卓有成效的方法。

美术史知识也是提升个人艺术修养的重要参考著作。对家居软装来说，我们需要了解一点美术发展的艺术流派、代表人物及其历史背景等，这样有助于提高我们的鉴赏水平和美学修养，从而避免因缺乏美术的基本知识而造成败笔。美术史知识可以帮助我们根据画作的内容和背景含义是否与环境氛围相匹配来进行选择，避免因仅凭个人喜好错误选择而造成不协调的结果。

⑤ 个人风格与电影

　　电影是一门视觉艺术，利用虚拟空间布景所营造出来的某种与剧情相匹配的氛围来讲故事，可以说一部电影的成功在很大程度上取决于布景。电影主要由主题、故事和人物三大要素构成，完美的布景是烘托三大要素的重要条件。电影的布景设计起源于舞台剧的布景，目的是为了把观众带入到故事情节当中，与观众产生某种共鸣。观摩那些获得奥斯卡最佳作品设计奖的作品，是获得软装灵感的源泉之一。

　　电影布景与家居软装有着异曲同工之妙。虽然电影布景并非真实生活中的场景，但它是一种源于生活并高于生活的艺术场景。布景中具有与真实生活同样的空间元素，比如色彩、家具、灯具、布艺和饰品等，并且需要营造出与故事背景一致的"真实"环境，同时为了烘托主题或人物需要运用夸张、变形、抽象、改造等加工手段，达到某种戏剧性的视觉冲击力，这正是家居软装需要学习的榜样。

优秀的电影布景可以帮助我们领悟物品与氛围之间的内在关联，场景中的每一件物品看似自然而然，实则用心良苦。很多人沉醉于美轮美奂的布景而希望在自家再现，但不应该是拷贝复制，而是从中获得启迪和灵感。除了历史性的场景不可随意更改之外，其他历史时期的故事场景均是经过布景师的加工和创造，是我们了解不同历史时期装饰艺术的良师益友。有不少电影的布景极富创意，如《天才一族》和《天使爱美丽》等，可以极大地丰富和激发我们的想象力和创造力，这也是形成个人风格的重要源泉之一。

虽然电影布景是虚拟装饰、家居软装是真实装饰，但是布景所呈现出来的逼真效果让人很难将之与真实空间区分开来，家居软装可以向电影布景中学习有关色彩、空间、构图、光影、氛围和造型等要素的应用。历史上电影导演身兼布景师的人物有不少，其中以老一代导演阿尔弗雷德·希区柯克（Alfred Hitchcock）和新生代导演韦斯·安

电影是刺激个人
风格的灵感源泉

德森（Wes Anderson）为代表，观摩由他们执导的电影
可以让我们学到很多家居软装的创新手法。

　　电影的故事场景大多发生在室内空间，因此它也是一
门室内视觉艺术。今天的布景艺术早已成为当代家居软装
的重要灵感来源，无论是布景中的色彩搭配、场景布置，

电影布景与家居
软装有着异曲同
工之妙

还是与故事背景息息相关的空间设置和道具摆设，有时候
甚至能够引领家居风格的新潮流，如系列时尚剧《欲望都市》
里的实景布景就成为了当代家居风格的风向标。观赏优秀
的时尚剧不仅能够增强我们的设计能力，也能提高我们的
鉴赏水平，是培养和丰富个人风格的重要手段。

⑥ 个人风格与时尚

　　服装式样与室内装饰几乎从一开始就如影随形，正如我们看到过去的服饰与装饰同样繁琐，而后来的服装与室内一致简洁一样，这些都是时代发展的真实反映。很多时装设计师也设计家具，反过来像著名室内设计师凯莉·韦斯勒（Kelly Wearstler）不仅是家具设计师也是时装设计师。当红的简约风格、复古风格、波西米亚风格和前卫风格等同时流行于时尚和室内设计领域，深受时尚人士的追捧。

　　成熟的个人风格不会亦步亦趋地紧跟时尚潮流，但是会自然地融入一点时尚元素来表达与时俱进的眼界和品位。时装设计的色彩、图案、材质和形状的搭配原则直接指导了家居软装的搭配原则，比如色彩的流动、图案的组合、材质的变化和形状的协调等。时装设计不仅主导了潮流趋势，也主导了时尚家居风格的发展方向。

当代时尚潮流与家居趋势密不可分，关注潮流的人们早就注意到了时尚界每年都会发布明年的流行趋势预测，但是这些流行趋势到底如何与家居软装挂钩，或者应用于什么样的空间当中是我们需要思考的问题。大部分人的家居生活都与时尚潮流无关，只有那些对潮流十分敏感的追随者才需要应用那些最流行的色彩、图案、材质和式样，比如魅力风格就是其中的典型代表。

个人风格代表着特立独行的思维和行为模式，与时尚潮流并无直接关系。它不是流行元素的堆砌，更不是随处可见的大众品位。虽然说过于紧跟潮流会削弱个性，但控制得当也不失为一种个人风格。如果以"过时"的个人喜好为主体、以"流行"的时尚元素为客体，反而能够呈现出某种别具一格的个性气质。

时尚是影响个人
风格的流行因素

室内装饰与服装式样
一直如影随形

　　并非紧跟时尚才算拥有个人风格，而是懂一点时尚能够让个人风格更加凸显时代感，从而拥有更多创新的思维、懂得调和新与旧的诀窍、明白个人风格并非墨守成规和一成不变的道理。时尚是个人风格的灵感源泉，也是个人风格的启蒙老师。把握时尚潮流的命脉并非意味着一味随波逐流，而是了解最新的潮流趋势，预知家居软装的发展未来。

七、个人风格定位

个人风格的要素

  多数人都有自己的风格，问题在于如何认识并确定个人风格。首先需要搞清楚想要一种什么样的氛围，平静的还是活跃的、传统的还是时尚的等；其次需要确定自己喜欢什么式样的家具，当代的还是传统的、休闲的还是正式的等；然后需要确定自己注重外观还是舒适性、注重功能性还是便利性等；此外还需要确定自己喜欢的色彩、图案、形状、纹理和面料等，所有这些千头万绪、错综复杂的信息都是构成个人风格的要素。

  确定个人风格是室内装饰工程的第一步，一旦确定之后也就决定了家居空间的最终视觉效果。确定个人风格的常用途径包括：

  ①确定是否对某个时期流行的装饰风格或者趋势感兴趣；

  ②浏览相关杂志和网站来寻找最吸引自己的视觉效果；

③不必固定单一风格而是从不同风格中寻找最吸引自己的元素；

④如果预算有限，只需添加其他风格的元素或仅仅改变色彩和材质即可；

⑤通过审视现住房子来确定"喜欢－留下"和"不喜欢－替换"两大内容。

彻底了解一个人的风格也许是一项艰巨的任务，我们不必要求那么完美。构成个人风格的要素包罗万象，不过与家居软装有关的要素主要体现在以下 6 个方面，即可比较准确地把握个人风格。

①生活方式。生活方式是指 8 小时工作以外如何度过的问题，包括日常生活习惯和兴趣爱好等，比如休闲、阅读、烹饪、手工和娱乐等，是构成个人风格的核心内容。

②环境氛围。自然和人造环境都会带给我们感受，比如放松、愉悦、喜欢和讨厌等。无论是自然界的山川湖泊，

生活方式是构成
个人风格的第一
要素

环境氛围是构成
个人风格的第二
要素

还是人造的公共或商业景观，总有一种环境氛围是自己的最爱，它是营造个人风格的氛围指南。

③家具式样。每个人都会对某种家具式样情有独钟，比如奢华、粗犷、简约、休闲、时尚、田园等，作为空间里的主角，它是整体软装风格基调的主导者。

家具式样是构成
个人风格的第三
要素

④靠枕花色。花色是图案与色彩的统称，不同的图案
代表着不同的特质。

⑤花草、花瓶。作为家居空间里调味的花草和花瓶，
任何一项都可以为整体软装风格锦上添花。花草种类包括

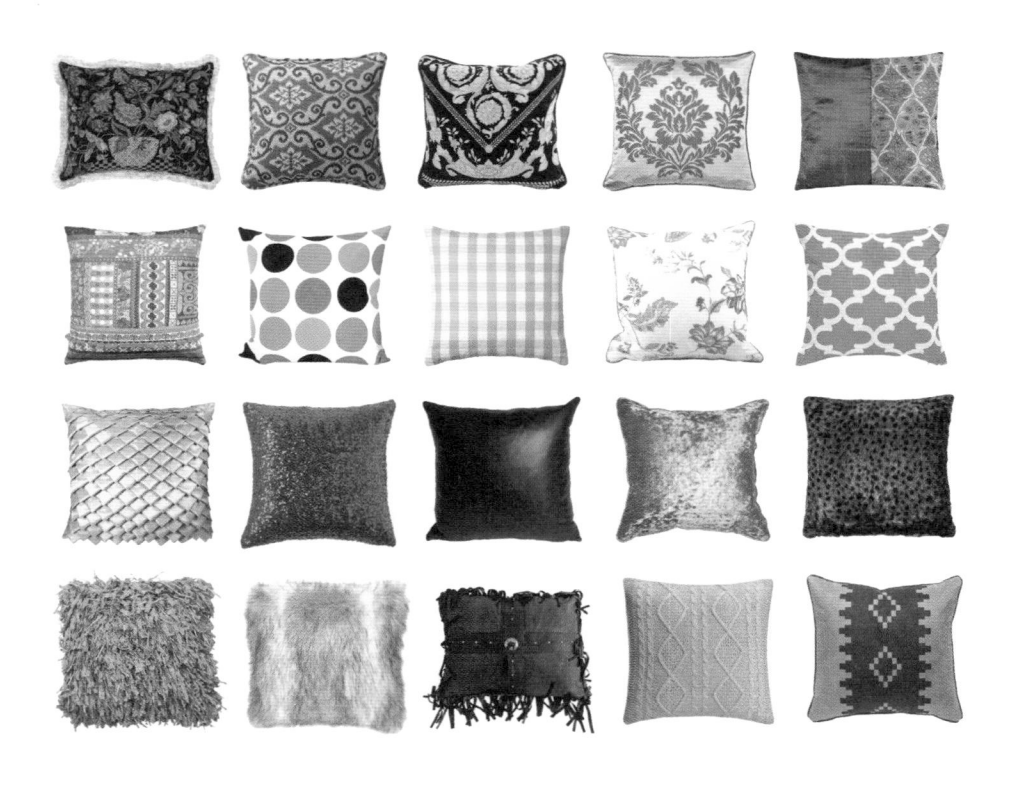

鲜花、人造花和绿植等，花瓶格调有古典、华丽、乡村、简约、时尚和当代等。

⑥材料、质感。金属、水泥、石材、瓷砖、竹、木、藤、织物、皮毛和皮革等，它们决定了空间里所有参与软装要素的表面质感。

花草、花瓶是构
成个人风格的第
五要素

材料、质感是构
成个人风格的第
六要素

个人风格的分析

没有一种家居风格适合于所有人，也没有一个人会喜欢所有风格，找到专属于自己的个人风格对于每一个家庭来说都非常重要。你知道自己喜欢什么风格吗？这个看似简单的问题其实并不容易；事实上由于对风格的认知和理解千差万别，人们对于自己喜欢和适合的风格常常模棱两可、举棋不定。家居软装是一项非常个人的选择，一切都应该取决于自己及家人的喜好。

凭借观察一个人的日常衣着能够从侧面了解其个性特征，比如庄重型衣着代表着干练、刻板和谨慎，保守型衣着代表果断、有主见和不易改变，休闲型衣着代表随意、自然和自我意识较强，中性型衣着代表硬朗、帅气和个性，前卫型衣着代表着表现、炫耀和缺乏主见，可爱型衣着则代表单纯、可爱和内向，诸如此类。

衣柜通常是个人风格的一面镜子，如果里面的衣服大都是素色，建议不要提出五彩缤纷的装饰方案，反之则应该避免中性素色。依据个人风格的要素，我们已经可以勾勒出一个大致的轮廓出来。很多人之所以举棋不定、犹豫不决，主要是具体不知如何选择。对家居软装来说，仔细收集和分析个人风格要素是满足个性装饰最关键的一步。

　　在这个生活与时尚密不可分的时代里，我们每天都被日新月异的时尚潮流轰炸着，很多人失去了对自己独立个性的认知和判断。如何淡化外界的噪声，重新找回自我是摆在我们每个人面前的问题，当然这也是实现快乐的最佳途径。建议建立一个专属于自己的文件夹，里面包含自己最喜欢的图片、文字、剪报和影像等各种资料，它们是体现自己家居风格的真实线索。

卧室是表现个人
风格的空间之一

　　有时候，人们可能只是喜欢某些物品而非整体风格，
这没有关系，我们可以根据自己的理解和喜好灵活搭配、
自由组合，最后形成具有个性色彩的某类风格。大部分人
的风格倾向是复杂和多样的，而且这种多风格倾向往往与
个人丰富的经历和开阔的眼界紧密相关。

书房是表现个人
风格的空间之二

3 个人风格的定位

　　国际通用的定位个人风格的常用工具叫作"情绪板"（Mood Board），是一种广泛应用于设计领域将情绪可视化的沟通工具。所谓情绪是指个人对于事物的反应，包括喜爱和厌恶等，因此情绪板对于定位个人风格有着重要的指导意义。传统的情绪板需要动手制作一块展示板，现在则可以利用电脑上现成的 PPT 软件来制作，而且内容丰富，版式不受限制。因为情绪板带给人们灵感与启发，因此也被称为"灵感板"（Inspiration Board）。与情绪板相关的沟通工具还包括"样板"（Sample Board）和"概念板"（Concept Board），它们之间可以混合应用。

　　情绪板通常是与客户沟通之后的初步想法，通过汇集色彩（视觉）和情感（感觉）的参考图片来测试初步视觉与感觉是否与客户的愿望一致。情绪板是保证最终实现愿望的设计指南，也是样板、概念板和平面布局的前期工作，其内容包括图片、草图、剪报、织物样本、色彩样本、视

模拟情绪板能带给客户灵感与启发

觉风格、肌理材质和灵感来源等。情绪板通常需要多次调整直至客户满意之后才能进行下一步，可以明确设计方向，保障后续工作顺利进行。

概念板通常是在情绪板完成并获得认可之后进行，确定具体产品，内容包括家具、灯具、窗帘、靠枕、装饰画、艺术品、饰品和绿植等。概念板是最终设计的整体外观和视觉预览，让客户和项目参与者清楚了解设计意图，并作为设计记录保存，与平面布局同步进行。

样板主要为了确定材料，是为客户和相关各方提供的关于具体材料和表面处理的参考指南，内容包括墙漆颜色、壁纸、地毯、瓷砖、木地板、布艺面料和木饰面等。

对于个人风格的定位来说，确定不喜欢的东西比喜欢的东西更重要，从而可以尽量避免那些不利的元素，朝着正确的方向进行。如果一个人的风格喜好过于庞杂，很难进行定位，那么结果可能也会比较杂乱。有些人并不清楚自己的家居风格，不过大多清楚自己对于事物的喜恶。确定自己的风格从不喜欢的事物开始，比从喜欢的事物开始

模拟样板是不
确定材料的参
考指南

更容易获得准确信息，因为我们对于不喜欢的东西常常脱
口而出，而对于喜欢的事物则一言难尽。

　　家庭的生活方式也是定位家居风格的重要因素之一，
需要考虑家庭成员的数量、年龄、工作性质和休闲时间的
安排等。市场上的产品通常提供有不同设计风格的标签，
可以作为设计的参考依据。一旦我们收集到了足够的信息，
确定了自己真正想要的结果，接下来的一切将会变得轻松
而有趣。

八、个人风格实现

个人风格的表现

　　随着时代变迁，家居风格一直在演变，每一种流行风格并非唯一固定的式样，它们会根据个人的理解、修养、品位和倾向而呈现出不同的外观效果。不要刻板、僵硬地去理解和复制它们，每个人都应该把自己的个性融入其中。今天的家居潮流不再单纯以外观美学特征作为选择家居风格的主要因素，而是以生活方式作为主导因素。

　　每一种家居风格都有支撑其存在的背后因素，包括生活理念、个性气质和精神内涵等，需要深入自己内心，深刻认识并准确定义自己。无论我们选择哪一种家居风格，都需要融入一些个性，而非简单地依葫芦画瓢，最简单的方法就是从灵感开始。我们可以从触动自己的某幅画作、某块布料或者某张照片开始，从中找到最适合自己的、独一无二的色彩搭配，这是将个人品位融入家居中最真实和最有意义的尝试。

墙面是表现个人
风格的最佳背景

桌面或台面是表
现个人风格的最
佳舞台

令人印象深刻的家居空间总是旗帜鲜明地表达自我，因为家最应该愉悦的是自己和家人。书中所列举的 40 多种经典家居风格都不是固化的模板套路，我们只需要了解、理解和把握其中的精髓和本质。

每个人都可以依照自己的喜好来改变家居风格的外貌特征，融入自己的个性气质，比如增加喜爱的花卉和布艺变得温柔一点、在传统环境里融入现代产品来增添时代感、布置几件手工艺品来渲染传统文化气息、放置几盆绿植来注入生命活力，或者点缀几件经典家具来凸显个人品位等。总之，个人风格与循规蹈矩水火不容，表现个人风格不必墨守成规。

个人风格的实施

　　家居软装的实施通常是在硬装工程完工之后进行，为了达到最佳视觉效果，软装设计最好是与硬装设计同步。虽然很多人仍然喜欢通过繁琐复杂的硬装设计来体现个人价值，但也有越来越多的人喜欢运用软装来凸显其与众不同之处。以简单的硬装作为软装的背景衬托，既节省耗费，也提供给我们更大的施展平台，就像白色的画布是为绚丽的色彩而准备的背景一样。

　　个人风格的家居空间至少应该包含以下五大要素：

　　①反映个人的真实面貌；

　　②表达个人的生活感悟；

　　③显示个人的兴趣爱好；

　　④表现个人的独特喜好；

　　⑤展现个人的品位修养。

个人风格的实施往往是一个用心良苦并且充满期待的漫长过程

不同于传统家居风格固有的特定模式，个人风格的实施无需遵循太多条条框框，只需满足自己独特的口味和兴趣爱好，结果必然独一无二。

对于追求个人风格的人们来说，其实施往往是一个用心良苦且充满期待的漫长过程。注意避免把自己的家居变成一个物品博物馆，应该将个人喜好进行主次筛选。家居空间只反映主人的独特个性，应该营造出家人喜欢的生活氛围，只显示我们最喜欢的物品，只表现家人最喜爱的色彩和图案等。

个人风格的最大特色就是在居住空间里融入一些个人的兴趣爱好，其形成因素多样，因此呈现出不拘一格和丰

个人风格的实施常常意味着是一个全球采购的集合

富多彩的特点。在物流如此发达的今天，个人风格的实施常常意味着是一个全球采购的集合。

个人风格的实施过程并非一蹴而就，常常会因为一时难以找到意中之物而宁愿让某处留白。它的实施是一个没有止境的过程，但正是这个不断提供惊喜的过程才是乐趣所在。令人印象深刻的个人风格是旧与新、东与西、土与洋以及粗与细的混合体，其"不完美"的特色恰恰是个人风格的魅力所在。就像世上没有一个人是完美的一样，家居空间也没有绝对完美的，因此实现个人风格不必苛求完美、追求完美，顺其自然才是个人风格最"完美"的呈现。

个人风格的趋势

个人风格的总趋势是将众多意想不到的元素混为一体，比如个人元素、时尚元素、自然元素、传统元素和文化元素等，从而创造出一种独树一帜的个人风格。优秀的设计师无不精通此道并且乐此不疲，那些传统和流行的家居元素已经成为创造个人风格最原始的资料和灵感源泉。

在这个追求、彰显个性的时代里，个人风格需要与家庭、亲情、社会和自然等紧密联系在一起，才能体现出价值与意义。它随着时代的变迁而变化着，是时代的一面镜子，趋向于通过以下方面来表达个性内涵。

①让家居空间成为连接家庭成员的情感纽带。历史和传统是我们的根，传家宝、孩子的手工作品、全家福照片等都是维系家庭亲情的重要媒介，这样的个人风格才会更显温馨和可爱。

②让家居空间成为反映个人艺术修养的平台。展示自己的创作既是一门艺术，也是展现个性的一种方式。无论

家居空间是展示个人
兴趣爱好的舞台

是桌景、美术墙来还是搁板、壁炉架、盘架等，形式上可以随心所欲、不拘一格。

③让家居空间成为展现个人兴趣爱好的舞台。个性往往通过兴趣爱好来展示，因此不必在意他人的眼光，可以组成某个有趣的收集主题。

④让家居空间成为色彩与布艺的调色盘。色彩和布艺都是体现个性的重要标志，每个人的色彩喜好不一，而布艺则是色彩的主要表现途径，主要体现在窗帘、桌布、床品、靠枕、地毯、屏风和脚凳等方面。

⑤让家居空间成为与自然环境联系的桥梁。有机和自然的元素（如盆栽花卉、绿植等）让空间充满生命力，同

家居空间是个人
与大自然环境的
联系桥梁

时也令人感到原始、舒适和愉悦。自然元素（比如木、藤、竹、羊毛、棉麻、剑麻等）不仅可以营造出某种氛围，也是人类灵感的源泉。

⑥让家居空间成为展现传统手工艺品的平台。传统手工艺代表着文化的传承，相对于机械化流水线生产的产品，手工艺品具有与生俱来的情感和温度。

⑦让家居空间成为表现幽默和趣味的舞台。家居空间不仅是我们的庇护所，也应该充满笑声、惊喜、微笑和情感。通过具有独特幽默感的绘画、照片、饰品和家具等，让我们身心愉悦或者会心一笑，从而缓解压力，放松心情。

个人风格不必受限于任何约束，也不必追求所谓的"完美"

家居软装当中常见两种缺乏个性的情况：

①看上去太完美、太新或者一尘不染的家居空间缺乏主人的生活痕迹；

②缺乏与主人生活相关联的物品，空间里虽然琳琅满目但感觉像是卖场展厅。

个性会随着年龄的增长而不断成熟，因此个人风格也非一成不变，会随着个性的不断成熟而变化，其具体内容需要与个人兴趣爱好的变化保持一致。个人风格没有对错之分，如同穿衣打扮一样，展现出个性的家居空间会令自己更加愉悦和自信，同时也会令人印象深刻。个人风格早已成为家居软装的发展趋势，既要凸显个人的标签和印记，又要突出与他人的区别和差异，是个性时代的产物和烙印。

图书在版编目（CIP）数据

家的风格 / 吴天篪著. —— 南京 ：江苏凤凰科学技术出版社，2018.3

ISBN 978-7-5537-9065-7

Ⅰ．①家… Ⅱ．①吴… Ⅲ．①住宅－室内装饰设计 Ⅳ．①TU241.02

中国版本图书馆CIP数据核字(2018)第042159号

家的风格

著　　　　者	吴天篪（TC吴）
项 目 策 划	凤凰空间／段建姣
责 任 编 辑	刘屹立　赵　研
特 约 编 辑	段建姣

出 版 发 行	江苏凤凰科学技术出版社
出版社地址	南京市湖南路1号A楼，邮编：210009
出版社网址	http：//www.pspress.cn
总 　 经 　 销	天津凤凰空间文化传媒有限公司
总经销网址	http：//www.ifengspace.cn
印　　　　刷	北京博海升彩色印刷有限公司

开　　　　本	710 mm×1 000 mm　1／16
印　　　　张	10.5
字　　　　数	128 000
版　　　　次	2018年3月第1版
印　　　　次	2018年3月第1次印刷

标 准 书 号	ISBN 978-7-5537-9065-7
定　　　　价	68.00元

图书如有印装质量问题，可随时向销售部调换（电话：022-87893668）。